Happy Huhn

Verenas beste Futterrezepte

AF834502

LANDLEBEN

Liebe Leserin,

wir freuen uns, dass wir dir mit unserem Buch neue Inspiration liefern dürfen und hoffen, es wird dir gefallen. Weitere Leseabenteuer mit verbriefter Fachinformation findest du auf www.cadmos.de

Wenn du mit uns in Verbindung treten oder deine Erfahrungen teilen möchtest, dann tue das bitte unter:

https://www.facebook.com/cadmosverlag

https://www.instagram.com/cadmosverlag

oder per Mail an info@cadmos.de

Wir freuen uns schon jetzt über dein Feedback!

ISBN: 978-3-8404-3068-8, 1. Auflage 2022, unveränderter Nachdruck 2024

Deutsche Nationalbibliothek – CIP-Einheitsaufnahme

Die Deutsche Nationalbibliothek verzeichnet diese Publikation in der Deutschen Nationalbibliografie; detaillierte bibliografische Daten sind im Internet über http://dnb.ddb.de abrufbar.

Viel Freude mit diesem Buch wünscht dir das CADMOS-Team:

Autorin: Verena Raffl

Covergestaltung, grafisches Konzept, Satz: Gerlinde Gröll, www.ggraphicdesign.at

Lektorat: Christine Weidenweber

Korrektorat: Gertrud Döffinger

Coverfotos: Shutterstock/DenisNata, oksana2010, Africa Studio, Eric Isselee. Ines Behrens-Kunkel, Scisetti Alfio, LiliGraphie, Tsekhmister, PicMy, Nella, ktv144, Natali Zakharova, Spalnic, grey_and, Tetiana Tychynska, Flower Studio, yulyamade, PotaeRin, Robert Höck

Fotos im Innenteil: Alle Bilder, die nicht mit einem Fotocredit versehen sind, stammen von Robert Höck

Illustrationen: Shutterstock/Svetsol, luma_art, Hein Nouwens

Wir übernehmen Verantwortung:

Dieses Buch wurde anhand ausgewählter Qualitätskriterien ressourcenschonend und schadstofffrei in Cadmos Qualität für Sie hergestellt. Das verwendete Papier für Kern und Cover ist FSC®-zertifiziert. Gedruckt und gebunden wurde dieses Buch in der EU (wir wollen lange Transportwege vermeiden), bei GRASPO (www.graspo.com).

FSC
www.fsc.org

MIX
Papier | Fördert gute Waldnutzung
Paper | Supporting responsible forestry
FSC® C010798

Uns ist wichtig:

Gender-Erklärung: Alle Geschlechter sollen sich gleichermaßen wahrgenommen und wertgeschätzt fühlen. Im Sinne eines flüssigen Lesevergnügens verzichten wir jedoch auf die Verwendung von geschlechterspezifischen Sprachformen (m/w/d). Sämtliche Personenbezeichnungen gelten gleichermaßen für alle Geschlechter!

Verena Raffl
mit Fotos von Robert Höck

Happy Huhn

Verenas beste Futterrezepte

Mit selbst gemachtem Futter glückliche Hühner verwöhnen, zähmen und gesund halten

LANDLEBEN

Inhalt.

Vorwort

Hühnerfütterung

Verenas Futterrezepte

10 Rezepte mit Gemüse und Kräutern aus dem eigenen Garten

10 Rezepte für Koch- und Backfans

5 Rezepte mit besonderen Zutaten

10 Rezepte für gesunde und vitale Hühner und Küken

10 Rezepte - erfrischend & fruchtig

5 Rezepte mit Zutaten aus dem Wachtel-Shop

Vorwort.

▶▶ Hier steckt Verenas Herzblut drin ...

Die tiergerechte und abwechslungsreiche Fütterung ist in der „Happy Hühnerhaltung" einfach alles. Nur ein gesundes, rundum bestens versorgtes Legehuhn kann die hohe Leistung, die vielen Hühnerrassen genetisch angezüchtet wurde, dauerhaft verkraften, ohne durch die Legetätigkeit allmählich auszumergeln und ernsten gesundheitlichen Schaden zu nehmen. Nur ein gut mit Vitaminen und Mineralstoffen versorgter Zuchthahn kann hohe Befruchtungsquoten in der Erhaltungszucht garantieren und das Herz der Züchterinnen und Züchter höherschlagen lassen, wenn viele quickfidele Küken schlüpfen.

Nur ein bewusst ernährtes Küken kann sein volles Potenzial während des Heranwachsens zeigen und ein stabiles Fundament sowie ein glänzendes intaktes Federkleid entwickeln. Neben all diesen notwendigen Gründen, Hühner mit gutem Futter zu versorgen, gibt es noch einen weiteren, der vor allem in der Hobbyhaltung eine große Rolle spielt: Die Fütterung ist schlichtweg auch einer der schönsten Aspekte am gesamten Hobby Hühnerhaltung. Hühner zu füttern macht Spaß und kann über die Fütterung auch am schnellsten stabile Vertrauensbrücken zu den gefiederten Schützlingen schaffen. Selbst das schüchternste Hühnchen wird irgendwann sein sprichwörtliches Schneckenhaus verlassen, wenn die Leckerbissen, die dargereicht werden, einfach immer noch verlockender und herzhafter aussehen.

Wie alles begann

Dieses Buch der lieben Verena gibt den Leserinnen und Lesern zahlreiche Möglichkeiten, Hühnern, Hähnen und Küken in unterschiedlichsten Altersstadien und Lebenssituationen passende Futterideen für die Abrundung des Menüplans zu kredenzen. Viele Rezepte eignen sich darüber hinaus auch für Wachteln, Puten, Fasane und anderes Ziergeflügel. Ich möchte nun aber noch erzählen, wie es zu diesem Buch kam, denn der Anfang liegt bereits vier Jahre zurück.

Etwa ein Jahr, nachdem ich 2016 die YouTube-Serie „Happy Huhn" initiiert hatte, kristallisierte sich deutlich heraus, dass Episoden mit Fütterungsthemen besonders gut bei den Zuschauern ankamen. Glücklicherweise traf ich zu dieser Zeit auch auf Tierpflegerin Verena, die sich schnell zu einer wiederkehrenden Co-Moderatorin bei Happy Huhn entwickelte. Als 2018 die Idee für das erste Happy-Huhn -Kalenderbuch kam, sollte auch die Fütterung ein fester Bestandteil werden. Meine Idee: Verena mit ihrem beruflichen Fachwissen zur Vogelfütterung mit ins Boot zu holen. Sie sollte sich für jeden Monat ein zur Jahreszeit passendes Futterrezept überlegen. Schnell war sie überredet, begann damit, Rezepte auszuarbeiten und an den eigenen Hühnern zu testen. Bereits beim ersten Kalender kamen zu Verenas Futterideen überaus viele positive Rückmeldungen.

Eher scherzhaft sagte ich deshalb im Tiroler Dialekt zu Verena: „Weast segn, bôld hôst dei eigenes Kochbuach fia Hennafuatta mid ôi deine besten Rezepte!" Sie glaubte damals nicht daran und antwortete: „Na na, Robert, des Schreibn iwalôss i gônz dia, sowôs kannt i ohne di ned!" Die Jahre haben gezeigt, dass aus einer leichtfertig dahingesagten Idee auch etwas Konkretes und Handfestes werden kann und dass Verena eben doch konnte, was sie selbst nicht glaubte zu können.

Inzwischen sind Verena und ich beste Freunde geworden. Wir sind Seelenverwandte oder wie man im Englischen so passend zu unserem Hühnerthema auch sagt: „Birds of a feather"! Die Umsetzung dieses Buches war einfach nur ein Spaß und hat uns viele schöne Momente in Verenas Hühnerparadies beschert. Ich hatte die Ehre, für dieses Buch die Fotos machen zu dürfen. Obgleich es als Teil des Happy-Huhn-Universums erscheint, bin ich hier also mal weder Autor noch Co-Autor. Tatsächlich hat Verena dieses Buch ganz alleine geschrieben, fand viele tolle Formulierungen und war nie um eine Idee verlegen. Sie ist über sich selbst hinausgewachsen und das merkt man. Hier steckt ihr Herzblut drin.

Ich bin überzeugt davon, dass „Verenas Futterrezepte" vielen Happy Hühnerhalterinnen und -haltern große Freude machen werden, und in Gedanken sehe ich sie ja ohnehin schon mit dem Band 2 vor mir stehen und stolz grinsen!!!

Robert

Robert Höck, Juni 2022

▶▶ Meine Liebe zu Tieren

Ein Leben ohne Tiere ist für mich schlicht unvorstellbar. Seit ich denken kann, gehören Katzen einfach zu mir. In meinem Elternhaus war immer mindestens ein „Stubentiger" fixer Bestandteil unseres Lebens. Meine Mutter erzählt mir immer wieder gerne, dass ich in der Grundschule sogar samt Kätzchen im Unterricht erschienen bin. Im Alter von zehn Jahren entdeckte ich meine Liebe zu Pferden und war fortan jede freie Minute im nahe gelegenen Reitstall, wo ich gegen Mithilfe in Form von Ausmisten und Ställe putzen Reitunterricht bekam. Auch auf einem Bauernhof mit Kühen, Schweinen, Puten und Hühnern war ich mit meiner kleinen Schwester Evelyn gerne und häufig und habe tatkräftig zugepackt. Es kam nicht selten vor, dass ich mit einem kranken Kätzchen oder Häschen beim Tierarzt stand, der die Tiere dann zum Spezialpreis für mich behandelte.

Nach der Mittelschule besuchte ich die Höhere Bundeslehranstalt (HBLA) Kematen für Land- und Hauswirtschaft, wo ich Grundlegendes wie Gärtnern, Viehhaltung, die Führung eines Haushalts, Nähen und natürlich Kochen lernte. Die Ausbildung hat mich geprägt und ich bin froh, dass ich diesen Weg gegangen bin. Zu dieser Zeit betreute ich zwei Pflegepferde, die ich immer vor der Fahrt zur Schule gemistet und gefüttert habe! Mit den nach Pferden duftenden Klamotten stieg ich dann in den Zug ein. Die Traberstute Korsika habe ich später gekauft, und wir waren für viele Jahre ein unzertrennliches und gutes Team. Ich vermisse sie noch heute und denke gerne an die vielen schönen Ausritte und Spaziergänge zurück.

Nach dem Abschluss der Schule mit Matura habe ich etwa sieben Semester Biologie studiert. Doch irgendwann war ich die viele Chemie und Physik leid, habe mich aufs Geratewohl im Alpenzoo Innsbruck beworben und sofort eine Stelle bekommen.

Tiere, Tiere, Tiere

Ich war für sieben Jahre im Vogelrevier, fütterte Bartgeier, Adler, Kolkraben und viele Singvögel, pflegte die Volieren und kümmerte mich um das

Wohl von verletzten Findlingen aller Art. Auch die Aufzucht von Hühnervögeln wie Steinhuhn und Schneehuhn gehörte zu meinen Aufgaben. Kurz nachdem ich im Zoo angefangen hatte, lernte ich meinen Mann Gernot kennen. Zum Glück mag er Tiere genauso gern wie ich. Nachdem ich bei ihm eingezogen war, baute er mir eine schöne Voliere hinterm Haus, die zum Zuhause für die Eichhörnchen Wuzl und Lauser wurden. Wuzl hatte eine Fehlstellung der Zähne, die ich ihm regelmäßig kürzen musste. Später kamen noch Meerschweinchen und ein Kaninchen dazu.

Ich zog unzählige Vögel, darunter einen Turmfalken, auf. Auch Marder gehörten regelmäßig zu meinen Schützlingen. Eines der schönsten Erlebnisse war aber mein erstes Wiesel, das mit wenigen Zentimetern Länge, nackt und blind im Alpenzoo abgegeben wurde. Der Kleine wohnte für längere Zeit bei uns im Zimmer und kuschelte sich immer an Gernot und mich, was wirklich unvergesslich bleiben wird. Er bekam dann ein eigenes kleines Reich im Garten, bis er sich irgendwann für die Freiheit entschied.

Als die Eichkätzchen gestorben waren, kam die Voliere an einen anderen Platz und es zogen Frettchen ein. Sie bereicherten unser Leben ein paar Jahre lang und lehrten meine Kinder den Umgang mit Tieren schon sehr früh. Wie auch unsere Katze Jerry, die im Jahr 2002 in unser Leben getreten ist und fünfzehn Jahre mit uns verbracht hat.

Aber nun endlich zu den Hühnern!

Hinter unserem Haus befindet sich ein kleiner Abhang und dahinter ein Stück Wald. Irgendwann war es mein Mann leid, dieses Stück zu mähen, und kam auf die Idee, wir könnten uns doch Hühner anschaffen. Unsere Mädels waren begeistert und studierten fortan eifrig ein Hühnerbuch, das wir uns als ersten Schritt kauften. Die Einzige, die noch überzeugt werden musste, war tatsächlich ich selbst. Doch meine anfängliche Skepsis legte sich bald. Mit viel Bedacht und nach eingehender Recherche baute mein lieber Mann einen Hühnerstall und zäunte den Bereich ein. Nun mussten passende Hühner her, denn Hybriden sollten es nicht sein. Wir fanden einen Züchter, von dem wir drei Sulmtaler und drei Wyandotten kauften, einer davon ein stolzer Sulmtaler Hahn. Die Tiere zogen im Mai 2015 bei uns ein und meine Leidenschaft für Hühner und deren gute Versorgung begann. Hahn Jack musste uns im Herbst wieder verlassen, weil er einfach zu viel und laut krähte und wir den Frieden mit den Nachbarn bewahren wollten.

Im Frühling darauf erwarben wir unsere ersten Zwerghühner Beauty und Bella. (Meine geliebte und einzigartige Beauty ist leider, während ich dieses Buch geschrieben habe, verstorben.) Im Sommer ging dann der Traum meiner Kinder in Erfüllung: Bella brütete Holländische Zwerghaubenhühner aus. Die zwei Küken wurden tatsächlich zwei Hennen, und unsere Bonnie bereichert meinen Alltag nach wie vor. Im Herbst kamen dann noch drei Zwergwyandotten dazu. Die hübsche Paula habe ich immer noch.

Im Jahr 2017 brütete Bella wieder Holländer Hauben aus, fünf Hennen und einen Hahn. Als ich auf Instagram Happy Huhn entdeckte, war ich sofort begeistert. Also legte ich mir selbst ein Instagram-Profil an und stellte so den Kontakt zu Robert Höck her. Er kam gleich am nächsten Tag zum Filmen und hat seither mein Leben verändert. Nicht nur, dass mein Hühnerbestand und die Vielfalt an Rassen seit damals stetig gewachsen sind, Robert ist auch mein bester Freund geworden und wir haben gemeinsam schon einiges erlebt. Durch ihn habe ich viele tolle Menschen kennengelernt, und nicht zuletzt sitze ich nun hier und schreibe mein eigenes Buch.

Zu meinen größten Vergnügungen gehört es, meine Hühner zu verwöhnen. Meine Rezepte finden sich mittlerweile in drei Happy-Huhn-Kalendern. Ich habe sie entwickelt, um unsere gefiederten Lieblinge artgerecht und gesund zu ernähren. Meine Zeit im Alpenzoo, meine Ausbildung, meine Kochkünste und nicht zuletzt meine Leidenschaft für Tiere sind der Schlüssel dazu.

Verena

Verena Raffl, Juni 2022

Hühnerfütterung

So werden aus Ihren Hühnern Happy Hühner

Egal ob Hobbytierhaltung oder professionelle Tierhaltung – die artgerechte Ernährung ist unabdingbar für ein langes Leben unserer Tiere. Ich bin Hobbyhalterin und keine Geflügelzüchterin, habe aber mittlerweile viele Erfahrungen gesammelt und mir jede Menge Kenntnisse angeeignet, die ich gerne an Hobbyhalterinnen und -halter weitergeben möchte.

Körnerfresser – ja oder doch nicht?

Anders, als oft zu hören und lesen ist, sind Hühner keine reinen Körnerfresser. Ganz im Gegenteil, lieben sie eine abwechslungsreiche und ausgewogene Ernährung, die unter anderem viel Grünzeug enthält. Ich konnte schon sehr oft beobachten, dass sich meine Tiere morgens als Erstes auf frisches Grün stürzen und am liebsten auf der grünen Wiese fröhlich picken.

Die Basisversorgung der Hühner sollte aber tatsächlich aus einer guten Körnermischung bestehen. Wenn Sie viel Wert auf die Legeleistung

Ihrer Hühner legen, gibt es von Legemehl bis Pellets zudem verschiedenste Produkte, die gefüttert werden können. Ich habe mit meinen Hühnern allerdings die Erfahrung gemacht, dass Pellets nicht so gerne gefressen werden. Allerdings enthalten sie alle wichtigen Mineralstoffe und Vitamine, sind also durchaus gut für die Hühner. Ich empfehle daher, die Tiere möglichst von Küken an daran zu gewöhnen.

Oft kombiniere ich meine Futterrezepte – da sind der Kreativität meist keine Grenzen gesetzt – und kann mit Fug und Recht behaupten, dass viele gesunde Happy Hühner in meinem kleinen Hühnerparadies herumlaufen.

Was gutes Körnerfutter enthalten sollte

Ein gutes Körnerfutter sollte aus möglichst vielen verschiedenen Getreidesorten bestehen und kann auch in geschroteter Form angeboten werden. Um das Selektieren von verschiedenen Inhaltsstoffen zu vermeiden, sollte man die Hühner alles ausfressen lassen, bevor der Futterspender wieder nachgefüllt wird. Um den Kalziumbedarf Ihres Federviehs von Grund auf abzudecken, sollten Sie immer eine Schüssel mit Mineralgrit oder Muschelkalk zur Verfügung stellen. Ich wasche zudem die Eierschalen meiner Hühner mit heißem Wasser aus, trockne sie und zerstoße sie mit einem Mörser in kleine Stückchen. Sie werden von den Hühnern besonders gerne gefressen.

Bild 1: Küken dürfen abwechslungsreich ernährt werden. So werden sie später nicht zu wählerischen Hühnern.
Bild 2: Zum Zerkleinern der Futtersorten werden Gefäße, Schüsseln sowie Schneidewerkzeug, Reibeisen und anderes benötigt.

2

Die Basis meiner Rezepte

In vielen meiner Rezepte weise ich auf den Kalzium- und allgemeinen Mineralstoffgehalt der einzelnen Zutaten hin, damit Sie Ihre Hühner dadurch zusätzlich mit den so wichtigen Bausteinen, die sie für die Eierproduktion benötigen, versorgen können. Außerdem verwöhne ich meine Tiere je nach Jahreszeit noch mit verschiedenen anderen Futtermitteln:

Hirse ist sehr beliebt und auch sehr gesund als kleiner Snack zwischendurch. Sie enthält neben verschiedenen Vitaminen auch essenzielle Mineralstoffe. So trägt sie bei regelmäßiger Gabe zur Gesundheit und dem Wohlbefinden Ihrer Tiere bei.

Im Winter lieben es meine Hühner, wenn ich ihnen geschälte **Sonnenblumenkerne** füttere, die sie in Rekordzeit aufpicken. So haben sie schnell verfügbare Energie und werden mit wichtigen Vitaminen und Mineralstoffen versorgt. Sonnenblumenkerne sind sehr fetthaltig, aber vor allem der hohe Anteil an ungesättigten Fettsäuren macht sie zu einem gesunden Snack. Natürlich dürfen keine zu großen Mengen gefüttert werden, da die Hühner sonst einfach zu dick werden. Wenn die Tage dann wieder wärmer und länger werden, reduziere ich die Menge schrittweise. Im Sommer bekommen sie keine Sonnenblumenkerne.

Bild 1: So unterschiedlich kann das Körnerfutter aus dem Sack beschaffen sein.

Bild 2: Hirse in verschiedenen Sorten wird auch halb ausgereift gerne ausgepickt.

Bild 3: In diesem Wildacker wachsen Kohlrabi, Buchweizen, Möhren, Kamille und Blattsalate für die Hühner.

Bild 4: Die Rote Johannisbeere ist, in Maßen genossen, eine Vitaminbombe fürs Federvieh.

Kräuter sollten zu jeder Jahreszeit fixer Bestandteil der Ernährung sein. Sie können in frischer oder getrockneter Form gereicht werden, sind gesundheitsfördernd und sorgen oft auch für Beschäftigung. So kann man im Sommer Brennnessel in Büscheln trocknen und sie dann den Hühnern im Winter zum Abpicken hinhängen. Auch in Öl angesetzt, sind Kräuter eine große Bereicherung und dienen der Gesunderhaltung ihrer Tiere. Im Kapitel Vorratshaltung (siehe Seite 22) können Sie mehr darüber erfahren.

Grünzeug und **Gemüse** spielen in der Fütterung meiner Hühner das ganze Jahr über eine große Rolle. Ich habe einen eigenen kleinen

Gemüsegarten, in dem Mangold, Spinat und verschiedene Kohlarten wie Grünkohl und Palmkohl wachsen. Grünkohl ist für mich mittlerweile unerlässlich geworden in der Ernährung meiner Tiere, insbesondere in den Wintermonaten. Natürlich ist es nicht möglich, alles selbst anzubauen. Wenn ich Karotten und Ähnliches kaufe, achte ich auf gute Qualität und wenn möglich Regionalität. In vielen Rezepten gehe ich auf den gesundheitlichen Nutzen der verschiedenen Gemüsesorten ein.

Auch **Obst,** z. B. Äpfel, kann in moderaten Mengen zugefüttert werden. Besonders Trauben sind ein beliebter Snack für zwischendurch. Waschen Sie das Obst aber vor der Fütterung immer gut ab.

In vielen Rezepten verarbeite ich verschiedene **Milchprodukte** wie Quark, Ricotta oder Hüttenkäse. Milchprodukte sind eine hochwertige tierische Eiweißquelle, sie haben einen hohen Kalziumgehalt und sind eine gute und wichtige Bereicherung im Futterplan.

Milch selbst oder gar Rohmilch wird von den Hühnern gar nicht gut vertragen und sollte keinesfalls gereicht werden.

Unverträgliche Futterarten

Hühner brauchen ein vielfältiges und abwechslungsreiches Futterangebot, doch es gibt einige Futter- beziehungsweise Lebensmittel, die sie einfach nicht vertragen oder sogar giftig für sie sind. Oft ist die Versuchung groß, sogenanntes Superfood an das geliebte Federvieh zu füttern. Doch was gut gemeint ist, kann fatale Folgen haben:

- **Avocados** sind durch das enthaltene Persin nicht nur für Hühner giftig. Die Tiere müssen nach dem Verzehr zwar nicht sofort sterben, doch es kann zu Herzschäden und in weiterer Folge zum Tod kommen.
- **Bohnen** sind ungekocht wegen ihres hohen Phasingehaltes nicht gut verträglich und sollten nicht gefüttert werden.
- **Schokolade** gehört auch in diese Kategorie und ist der Gesundheit ihrer Lieblinge nicht zuträglich.
- **Tomaten** bitte nur in Ausnahmefällen und in geringen Mengen anbieten, wenn sie reif sind. Tomaten werden zwar gerne gefressen, gerade in unreifem Zustand enthalten sie aber viel Solanin, das für Hühner giftig ist. Auch das Kraut der Tomaten gehört zu den unverträglichen Futterarten.
- **Zitrusfrüchte** sollten aufgrund ihres hohen Säuregehalts nicht an Hühner verfüttert werden. Natürlich haben sie einen hohen Vitamin-C-Gehalt, aber das gesunde Vitamin und noch viele andere gesunde Inhaltsstoffe kommt auch in Gemüse in hoher Konzentration vor.
- **Zucker** und **Salz** sind speziell in Essensresten enthalten. Stark gewürzte und sehr süße Reste aus der Küche deshalb bitte nicht den Tieren reichen; sie können beispielsweise Durchfall verursachen.

1

Gemüse und Kräuter selber anbauen

Mein Garten hat sich im Laufe der Jahre zu einem kleinen Paradies für Mensch und Tier entwickelt.

Ein naturnaher Umgang ohne Gift und künstliche Düngemittel ist für mich selbstverständlich. Da dürfen Blumen wie Ringelblume und Borretsch wild wachsen und auch die Kamille sucht sich die für sie besten Plätze. Die Minze am Rand vom Beet bleibt stehen, bis sie verblüht ist, und bietet den verschiedensten Insekten eine wichtige Futterquelle. Auch viele andere Kräuter wie zum Beispiel Oregano, Melisse, Salbei und Rosmarin haben ihren Platz im Garten und dürfen blühen. Neben dem Hegen und Pflegen und Genießen kommt die Ernte natürlich nicht zu kurz. Ich nutze alles, was wächst und gedeiht, sei es, um Sirup zu machen, Kräuter für die Hühner zu trocknen oder Salben herzustellen.

Ein Beet für die Hühner

Im hinteren Teil meines Gartens habe ich ein eigenes großes Beet, in dem ich nur Gemüse für die Hühner anbaue. Dort steht dann mein geliebter Mangold, den ich von Mai bis in den November hinein ernte und manchmal auch selbst zum

Bild 1: Borretsch ist eine bienenfreundliche Heilpflanze, deren Blätter, in Maßen verwendet, ein eiweißreiches Futter sein können.

Bild 2: Grün- und Palmkohl liefern kalziumreiches Grünfutter, das auch im Winter zur Verfügung steht.

Bild 3: Im Wildkräuterrasen können Gänseblümchen, Gundelrebe, Spitzwegerich, Schafgarbe und Löwenzahn für die Hühner gesammelt werden.

Bild 4: Proveis-Ultentaler-Küken erkunden das Salatbeet. Viele Blattsalate sind vergleichsweise mineralstoffarm.

Bild 5: Diese Sulmtaler Küken haben die ultimative Hühner-Heilpflanze entdeckt: den entzündungshemmenden Oregano.

Kochen verwende. Am wichtigsten sind aber Grünkohl und Palmkohl für die gesunde und abwechslungsreiche Ernährung meiner Hühner im Winter. Und die Hühner lieben das Gemüse: Da kann es schon passieren, dass eine ganze Grünkohlpflanze innerhalb von wenigen Stunden ganz sauber abgepickt wird. Zu lange sollte der Kohl aber nicht im Beet stehen bleiben, da er sonst an Knackigkeit verliert. Man kann ihn beispielsweise zu Grünkohlpesto verarbeiten und so haltbar machen (siehe Rezept Seite 34).

Mein neues Hochbeet

Nicht selten passiert es, dass meine Glucken samt Küken ausbüxen und den ganzen Salat, der eigentlich für die Familie bestimmt war, verputzen. Ich habe auch schon oft beobachtet, wie die Glucken ihre Kleinen gezielt zur Kamille führen, die von den Küken dann eifrig gefressen wird.

Mein lieber Mann hat mir deshalb nun ein Hochbeet gebaut, in dem zumindest der Salat vor solchen Überfällen sicher ist. Die Kräuter und sogenannten Unkräuter werden sicher weiterhin eifrig von einigen meiner Ausbruch-Meisterinnen gefressen werden. Und Bonnie wird wohl auch einen Ausflug ins Hochbeet machen und sich dort gütlich tun.

Im Herbst und Winter dürfen meine Hühner im gesamten Garten scharren und picken. Seitdem habe ich viel weniger Schnecken, denn Schneckeneier gehören zur Hühner-Lieblingsspeise.

Beim Umstechen und anderen Arbeiten sind meine alten „Hasen" wie Bella und Bonnie daher stets zur Stelle. Sie wissen genau, dass der eine oder andere Engerling oder Regenwurm für sie abfällt.

Viele von Ihnen werden über einen kleinen Garten verfügen, in dem Ihre Happy Hühner leben. Nutzen Sie einen Teil des Gartens, um Kräuter und etwas Gemüse auch für Ihre Lieblinge anzubauen. Sie werden es Ihnen mit besonders leckeren Eiern danken.

Bild 1: Grünkohl und Palmkohl werden erst ab Ende Mai im Nutzgarten angebaut. Die Erntezeit ab Oktober erstreckt sich aber über den ganzen Winter.
Bild 2: Kamille, Ringelblume, Minze, Oregano und Borretsch dürfen in einer naturbelassenen Ecke des Gartens verwildern.
Bild 3: Bella und Beauty erkunden mit ihrer bunten Kükenschar meinen Gemüseacker.

Vorratshaltung

In meinem naturnahen Garten lasse ich Kräuter und Blumen gerne wild draufloswachsen und so bietet es sich an, sie für den Winter haltbar zu machen.

Das hat den großen Vorteil, dass meine Hühner auch in der kalten Jahreszeit, wenn sie nichts Frisches mehr finden, trotzdem bestens versorgt sind und im besten Fall auch noch eine Beschäftigung haben.

- Brennnesseln werden getrocknet und stehen ab Januar auf dem Hühner-Speiseplan.
- Viele Kräuter setze ich in Öl an und gebe dieses über das Verwöhnfutter.
- Meine Kleewiese wird zu Heu gemacht und dient als leckere und gesunde Beschäftigung an kalten Wintertagen.

Brennnesseln und andere Kräuter trocknen

Die Brennnessel ist eine wunderbare Pflanze, die ganzjährig genutzt werden kann und sollte. Sie spielt in der Gesunderhaltung meiner Hühner eine große Rolle. Für den Winter schneide ich die Triebe von Juni bis September regelmäßig ab und trockne sie.

Wichtig ist, dass die Triebe trocken sind und vor der Ernte ein paar Stunden Sonne abbekommen haben, damit die Wirkstoffe ihre volle Intensität erreichen. Ich hänge sie dazu entweder

Bild 1: Kräuter- und Ringelblumenöle reifen hier in der Sonne heran.

Bild 2: Marshmellow und Bonnie haben die Brennnesseln entdeckt, die hier büschelweise im Schatten trocknen.

Bild 3: Kapuzinerkresse wirkt antibakteriell und kann für Ansätze verwendet werden.

büschelweise auf oder lege sie zum Trocknen auf ein Gitter. Direkte Sonneneinstrahlung sollten Sie beim Trocknen aber vermeiden, der Platz sollte trocken und luftig sein!

Wenn die Brennnesseln und viele andere Kräuter nach ein paar Tagen beim Berühren rascheln, können sie entweder als Büschel trocken gelagert und im Winter den Tieren zum Abzupfen hingehängt werden, oder die Blätter werden abgerebelt und in einem Eimer oder einem Jutesack aufbewahrt, zum Futter gegeben oder zum Aufpicken angeboten.

Kräuteröl

Um die vielen gesunden Inhaltsstoffe all meiner Kräuter auch im Winter optimal zu nutzen, setze ich sie in hochwertigem Öl an, das ich dann im Winter über die zubereitete Hühner-Mahlzeit geben kann. Dazu ernte ich die Kräuter an schönen Tagen möglichst um die Mittagszeit. Im Juni und Juli ist die beste Zeit dafür.

Borretsch: Blüten

Königskerze: Blüten

Oregano: Blätter und Blüten

Ringelblumen: Blüten

Rosmarin: ganze Stängel samt Blättern und Blüten

Salbei: Blätter und Blüten in nicht zu großen Mengen

Thymian: ganze Stängel samt Blättern und Blüten

Ich zerreibe die trockenen Brennnesselblätter auch gerne sehr fein und gebe sie über das Futter.

Bild 1: Ringelblumenblüten, Thymian, Spitzwegerich und Oregano werden am besten an einem regenfreien Tag um die Mittagszeit gesammelt.

Bild 2: In einem verschließbaren Glasgefäß werden die Heilpflanzen mit hochwertigem Öl vollständig bedeckt.

Bild 3: Das Kräuteröl kann nach der Ziehzeit innerlich und äußerlich – hier bei einer Wachtel – angewendet werden.

So wird's gemacht

Die trockenen Teile in ein Glas geben, mit dem Öl vollständig bedecken und gut verschließen. Für ca. vier Wochen an einem kühlen, dunklen Ort stehen lassen. Danach abseihen und in einem dunklen Gefäß an einem kühlen Ort lagern.

Kleeheu

Da ich in meinem Naturgarten keinen Rasen habe, sondern eine Wiese, die weder gedüngt noch vertikutiert wird, wachsen sehr viel Klee und Heilpflanzen darauf, zum Beispiel die Gundelrebe. Die Wiese wird selten gemäht, sodass alles gut wachsen kann, das Schnittgut lasse ich trocknen. An besonders heißen Sommertagen ist die Mahd. Nach mehrmaligem Wenden kann das Heu meist schon abends in Jutesäcke gefüllt und gelagert werden. Dabei ist es wichtig, dass das Kleeheu ganz trocken ist und raschelt.

Im Winter lieben es die Hühner und Wachteln, daran zu zupfen. Sie fressen es meist restlos auf. So sorge ich für Beschäftigung und hole ein wenig Sommer auf den Speiseplan.

Wurzelmix

Karotten, Rote Bete, Pastinake, Fenchel, Sellerie, Zwiebel und Knoblauch sind für die Hühner äußerst gesund und enthalten wichtige Mineralstoffe und Vitamine. Je nach Verfügbarkeit zerkleinere ich das Gemüse mithilfe einer Küchenmaschine und vermenge alles zur Haltbarmachung mit etwas Essig. Nachdem ich alles gut durchgemischt habe, fülle ich das Gemüse in Vorratsgläser und bedecke das Ganze zum Schluss mit Speiseöl. Die Gläser werden gut verschlossen und an einem kühlen und dunklen Ort aufbewahrt.

So habe ich jederzeit ein wirklich gesundes Futter zur Verfügung, wenn es schnell gehen muss. Einfach über gekochten Sonnenweizen Nudeln oder Reis geben und die Hühner sind bestens versorgt und glücklich.

Verenas Futterrezepte

Auch bei der Zubereitung von Hühnerfutter muss man Sorgfalt walten lassen. Natürlich müssen z. B. Möhren nicht geschält werden, sauber sollten die Zutaten aber immer sein, bevor sie verarbeitet werden. Wenn nicht anders angegeben, sind alle Zutaten für zehn Hühner berechnet. Bei größeren Hühnern reicht das Rezept aber vielleicht nur für acht Tiere, bei kleineren Hühnern eventuell für zwölf Tiere.

Sollten Sie keinen Garten haben, ist das gar nicht problematisch. Frische gesunde Zutaten bekommen Sie auch im Supermarkt oder auf dem Markt. Achten Sie aber auf Bioqualität. Wir selbst essen gerne gesalzene Speisen, für Hühner ist das aber gar nicht gut. Beim Garen in Wasser und überhaupt beim Zubereiten der Speisen sind Gewürze wie Salz und Pfeffer deshalb tabu.

„Hühnerpapa" Gernot und „Hühnermama" Verena bei der täglichen Versorgung des lieben Verderviehs. Auch bei der Gestaltung der Gehege und Ställe ist der „Göttergatte" immer eine große Hilfe. Claire und Jamie sind übrigens Tibetische Ohrfasane.

Grüne Nudeln

Im Frühjahr sind Mangold, Spinat und Rucola schon bald am Austreiben und unter den ersten Pflanzen, die man ernten kann.

Wenn ein Frühbeet zur Verfügung steht, ist es natürlich noch einfacher, früh im Jahr zu ernten. Nach den langen, kalten Wintermonaten freuen sich Mensch und Tier auf frisches und gesundes Gemüse.

Mangold ist bei mir seit Jahren fixer Bestandteil im Gartenbeet und zum gesunden Verwöhnen von Hühnern und Wachteln bestens geeignet. Wenn die Pflanzen auf dem Beet stehen gelassen und nur die Blätter verwendet werden, ist eine regelmäßige Ernte bis teilweise in den November möglich. So bringt dieses überaus gesunde Gemüse auf kleiner Fläche einen sehr guten Ertrag. Der hohe Gehalt an den Vitaminen A, K und C ist bemerkenswert. Auch Kalium und Eisen sind in großer Konzentration enthalten. Spinat hat ganz ähnliche Inhaltsstoffe und so ergänzen sich diese beiden sehr gut. Die dritte Gartenzutat ist die an Bitterstoffen reiche Garten-Senfrauke bzw. Rucola und somit eine wunderbare Ergänzung.

Um etwas Abwechslung in den Speiseplan zu bringen, kombiniere ich das Gemüse aus dem Garten mit grünen Bandnudeln, die ihre Farbe in der Regel durch Spinat erhalten.

Hüttenkäse ist ein guter Eiweißlieferant, darf den Hühnern aber in nicht zu großen Mengen gegeben werden.

Die Hanfsamen geben dem Ganzen ein wenig Crunch und bestechen durch ihren hohen Gehalt an Kalium, Kalzium und Eisen. Zudem enthalten die fetthaltigen kleinen Samen zu 90 % ungesättigte Fettsäuren.

Rezept mit Gemüse und Kräutern aus dem eigenen Garten

Zutaten für ca. 10 Hühner:

2 Handvoll gekochte grüne Bandnudeln

1 Handvoll Mangold

1 Handvoll Rucola

3 EL Hüttenkäse

2 EL Hanfsamen

Zubereitung:

- Die Nudeln in reichlich ungesalzenem Wasser kochen und anschließend abkühlen lassen.
- Mangold und Rucola klein hacken und zusammen mit dem Hüttenkäse unter die Nudeln mischen.
- Das Ganze abschließend mit Hanfsamen bestreuen und mit einer Extraportion Liebe servieren.

Tipp: Wer keinen eigenen Garten hat, sollte das Gemüse in Bioqualität kaufen.

Zeus freut sich über eine Kostprobe.

Gerste mit Gemüse

Gerste ist eine ungemein wertvolle Getreidesorte. Sie steckt voller wichtiger Vitamine und Mineralstoffe, die für die Gesundheit unserer gefiederten Lieblinge sehr wichtig sind.

Vor allem die Vitamine der B-Gruppe sind in größeren Mengen vertreten, außerdem sind viele essenzielle Mineralstoffe wie Magnesium und Kalium enthalten. Durch den Kochvorgang wird sie leichter verdaulich und sorgt für schnell verwertbare Energie.

Karotten sind bekanntlich ein Supergemüse in der Hühnerküche und bringen zudem Farbe in diese Kreation. Die Hühner wissen das tatsächlich auch zu schätzen, sie können Farben nämlich sehr gut unterscheiden.

Fenchel enthält neben den Vitaminen A, K, E, Folsäure und Beta-Carotin sehr viele Mineralstoffe. Außerdem verfügt er über einen extra hohen Gehalt an Vitamin C.

Aufgewertet wird diese Mischung noch mit Petersilie und Kräuteröl, das für die Wirkung der fettlöslichen Vitamine unerlässlich ist. Meine Hühner lieben Fenchel und werden regelmäßig damit versorgt.

Zubereitung:

- Die Gerste in der dreifachen Menge Wasser aufkochen und anschließend auf kleiner Flamme für ca. 20 Minuten dämpfen.
- Abkühlen lassen und das Restwasser abseihen.

Rezept mit Gemüse und Kräutern aus dem eigenen Garten

Zutaten für ca. 10 Hühner:

1 Handvoll Gerste

2 Karotten

1 Fenchelknolle

1 EL gutes Pflanzenöl,
z. B. Kräuteröl

1 Bd. Petersilie

- Karotten und Fenchel in Streifen schneiden oder raspeln.
- Zu der abgekühlten Gerste geben und alles vermischen.
- Das Kräuteröl darüber verteilen.
- Das Grün der Fenchelknolle und die Petersilie klein hacken und über die Mischung streuen.

Reissalat

Reis ist wohl einer der absoluten Favoriten aller Hühner.

In diesem eher sommerlich angehauchten Rezept wird Reis mit frischem Gemüse und Minze bereichert. Zucchini enthalten viel Kalzium, Magnesium und Eisen sowie B-Vitamine, Vitamin A und Vitamin C.

Wenn das Kürbisgewächs wie in diesem Rezept roh verwendet wird, bleiben die Inhaltsstoffe besonders gut erhalten und können ihre volle Wirkung entfalten. Die Rote Bete, die ich hier verwendet habe, besticht durch die intensive Farbe und schmeckt hervorragend. Zudem steckt sie voller essenzieller Vitamine und Mineralstoffe und sorgt bei den Eiern unserer Hühner für besonders intensiv orangefarbene Dotter. Die Minze sorgt für Frische und hat an heißen Tagen einen kühlenden Effekt.

Zubereitung:

- Den Reis nach Packungsangaben dämpfen.
- Zucchini und Rote Bete in feine Streifen raspeln. Unter den abgekühlten Reis mischen.
- Das Öl dazugeben, um die Vitamine besser verwertbar zu machen.
- Die Minze drüberstreuen.

Tipp: Achten Sie an heißen Tagen darauf, dass der Reissalat nicht zu lange in der Sonne steht. Verfüttern Sie ihn lieber in kleinen Portionen.

Rezept mit Gemüse und Kräutern aus dem eigenen Garten

Zutaten für ca. 10 Hühner:

2 Handvoll gedämpfter Reis

1 kleine Zucchini

1 mittelgroße Rote Bete

2 EL fein gehackte Minzeblätter

2 EL Kräuteröl

Ich finde, Zucchini dürfen in keinem Gemüsegarten fehlen. Sie können so vielfältig verarbeitet werden und schmecken Menschen und Tieren gleichermaßen. Ich bevorzuge die gelben Sorten, die besonders fein im Geschmack sind.

Gerste mit Kohlrabi

Gerste ist in vielen Körnermischungen enthalten und bildet die Basis für dieses Rezept, das bei der Verkostung bei jungen und alten Hühnern super ankam und im Nu aufgefressen wurde.

Kohlrabi ist ein wunderbares und leckeres Gemüse und eine der ersten Kohlsorten, die im Gartenjahr aus eigenem Anbau verfügbar sind. Wie alle Kohlsorten ist auch Kohlrabi reich an Vitaminen und Mineralstoffen, wie Kalzium, Kalium und Magnesium. Vogerlsalat (Feldsalat) hat einen feinen nussigen Geschmack und steckt voller Mineralstoffe sowie Vitamin C und B.

Als Kraut kommt in dieses Rezept das Maggikraut (Liebstöckel), das in meinem Garten geradezu wuchert. Den Hühnern tut Maggikraut aufgrund seiner vielen Bitterstoffe und Ballaststoffe sehr gut.

Hauptzutat ist hier die Rollgerste, die wahrscheinlich besser unter dem Begriff Graupen bekannt ist. In speziellen Graupenmühlen werden die Gerstenkörner enthülst, entspelzt, geschält und poliert. Rollgerste wird durch den Kochvorgang besonders leicht verdaulich und gut verwertbar. Sie enthält sehr viel Eiweiß und ist energiereich. Die vielen enthaltenen B-Vitamine und Mineralstoffe ergänzen sich bestens mit den restlichen Zutaten.

Tipp: Kohlrabiblätter muss man nicht wegwerfen. Sie werden von den Hühnern sehr gerne gefressen und enthalten wertvolles Vitamin A.

Rezept mit Gemüse und Kräutern aus dem eigenen Garten

Zutaten für ca. 10 Hühner:

1 Handvoll Rollgerste

1 kleiner Kohlrabi mit Blättern

1 Handvoll Vogerlsalat

2 EL gehacktes Maggikraut

Zubereitung:

- Die Rollgerste in genügend Wasser aufkochen und auf kleiner Flamme ca. 20 Minuten köcheln. Anschließend abgießen und abkühlen lassen.
- In dieser Zeit den Kohlrabi je nach Hühnerrasse grob oder fein raspeln. Das Grün fein hacken.
- Den Feldsalat ebenfalls in schnabelgerechte Stücke schneiden.
- Alles unter die abgekühlte Gerste mischen und mit feingehacktem Liebstöckel bestreuen.

Mit diesem Rezept können Sie Ihren Hühnern zeitig im Frühjahr, wenn sie gerade besonders fleißig Eier legen, ein unterstützendes und vitalstoffreiches Futter anbieten.

Grünkohlpesto

Grünkohl spielt gerade im Winter eine wichtige Rolle in der Ernährung meiner Hühner. Ich habe dafür einen eigenen kleinen Garten, in dem ich nur Gemüse für das liebe Federvieh anbaue und der Grünkohl den ganzen Winter stehen kann.

Grünkohl steckt voller Kalzium und Kalium und ist eine wahre Vitamin-C-Bombe. Allerdings habe ich die Erfahrung gemacht, dass der Kohl, je länger er im Winter steht und immer wieder friert, nicht mehr so knackig ist. Da kam mir die Idee, ein Pesto daraus zu machen, das lange haltbar ist. Es kann den Hühnern dann beliebig gegeben werden, beispielsweise zu gekochten Nudeln.

Der enthaltene Knoblauch stärkt das Immunsystem, es wird ihm außerdem eine antibiotische Wirkung nachgesagt.

Die Cashewnüsse enthalten viele essenzielle Fettsäuren und geben dem Ganzen eine leckere Note.

Durch das hochwertige Leinöl wird das Pesto zusätzlich aufgewertet.

Zubereitung:

- Die frisch gepflückten, trockenen Grünkohlblätter zusammen mit dem geschälten Knoblauch und den Nüssen am besten mithilfe einer Küchenmaschine zerkleinern.
- Die entstandene Paste anschließend mit hochwertigem Öl, z. B. Leinöl, vermengen und in Gläser abfüllen. Natürlich kann man das Pesto auch sofort verwenden.
- Bevor das Glas verschlossen wird, noch alles mit Öl bedecken und anschließend kühl lagern.

Rezept mit Gemüse und Kräutern aus dem eigenen Garten

Zutaten für ca. 10 Hühner:

4 Grünkohlblätter

2 Knoblauchzehen

1 Handvoll Cashewnüsse

Leinöl

Tipp: Ich habe Cashewnüsse verwendet, aber auch Haselnüsse oder Walnüsse eignen sich für das Rezept.

Kalziumfutter

Mit dieser Mischung machen Sie Ihre Hühner glücklich und versorgen sie mit wichtigen Nährstoffen. Die Tiere werden es Ihnen mit besonders leckeren Eiern danken.

Gerade Rassen, die sehr viel legen, und besonders Legehybriden, haben einen erhöhten Kalziumbedarf. Hierfür bietet sich dieses Rezept als Ergänzung bestens an. Das „Kalziumfutter" werden Ihre Hühner besonders dann schätzen, wenn die Tage wieder etwas länger werden und die Tiere langsam mit dem Legen beginnen. Zu dieser Zeit ist meist noch etwas Grünkohl auf dem Beet und muss verbraucht werden. Und der ist bekanntlich sehr reich an Kalzium. Ergänzt wird der Grünkohl durch Petersilie, die ebenfalls sehr viele wertvolle Mineralstoffe in hoher Konzentration aufweist und zusätzlich auch Vitamin C enthält.

Sesam wertet das Ganze noch zusätzlich auf und wird von den Hühnern akribisch aufgepickt.

Sonnenweizen wird aus Hartweizen gewonnen und ist auch unter dem Begriff „Weizenreis" oder „Zartweizen" bekannt. Wie beim Parboiled Reis ist der Weizen durch ein spezielles Verfahren schon vorgegart. Zartweizen bringt schnell verwertbare Energie und ist bei meinen Tieren sehr beliebt.

Zubereitung:

- Den Zartweizen in ausreichend Wasser garen und anschließend abkühlen lassen.
- Grünkohl und Petersilie fein hacken und zusammen mit dem Sesam untermischen.
- An kalten Tagen können Sie das Futter auch gerne warm servieren.

Rezept mit Gemüse und Kräutern aus dem eigenen Garten

Zutaten für ca. 10 Hühner:

2 Handvoll Sonnenweizen

3 große Grünkohlblätter

½ Handvoll gehackte Petersilie

1 EL Sesamsaat

Herbstliche Polenta

Gerade an kalten Wintertagen ist diese Mischung eine gute Bereicherung für den Hühner-Speiseplan.

Polenta ist Brei aus Maisgrieß und eine sehr leckere und wertvolle Bereicherung des Hühner-Speiseplans. Maisgrieß ist in unterschiedlich grobem Mahlgrad erhältlich, wobei man für die Hühner durchaus die etwas gröbere Variante verwenden kann. Um den ohnehin schon hohen Mineralstoffgehalt noch zu optimieren, ergänze ich das Ganze mit Palmkohl und Grünkohl aus meinem Garten. Die Walnüsse enthalten viele essenzielle Fettsäuren, werden von den Hühnern sehr gerne gefressen und sorgen für Abwechslung.

Tipp: Wenn Grünkohl und Palmkohl nicht zur Hand sind, kann man auch Brokkoli oder Weißkohl verwenden.

Zubereitung:

- Maisgrieß in die doppelte Menge kochendes Wasser unter ständigem Rühren einrieseln lassen.
- Sobald alles köchelt, den Deckel darauf geben und auf kleiner Stufe ca. 15 Minuten garen.
- Etwas abkühlen lassen und
- die warme, geschmeidige Masse auf einem Brett verteilen.
- Nach dem Abkühlen die gehärtete und schnittfeste Polenta in schnabelgerechte Stücke schneiden.
- Den Kohl und die Walnüsse fein hacken und mit der Polenta vermischen.

Rezept mit Gemüse und Kräutern aus dem eigenen Garten

Zutaten für ca. 10 Hühner:

2 Handvoll Maisgrieß

2 Handvoll gehackter Palmkohl und Grünkohl

2 EL gehackte Walnüsse

Ich habe das Glück, dieses leicht verdauliche und energiereiche Getreide direkt vor Ort in Bioqualität beziehen zu können.

Brokkoli-Genuss

Brokkoli enthält sehr viel Vitamin C sowie B-Vitamine und Eisen.

Außerdem ist er wie viele Kohlsorten reich an Kalzium, Kalium und anderen Mineralstoffen. Sein feiner Geschmack ist auch bei Hühnern sehr beliebt und so wird er gerne gefressen.

Zartweizen ist eine der liebsten Leckereien meiner Hühner. Ich füttere ihn sehr gerne und kombiniere ihn mit Gemüse. Durch sanftes Garen bleiben die wertvollen Mineralstoffe und Vitamine erhalten. Besonders in den Phasen, in denen unsere lieben Tiere viele Nährstoffe brauchen, wie beispielsweise in der Mauser, wenn sie gerade voll legen oder es besonders kalt ist, profitieren sie von der guten Verfügbarkeit dieses behandelten Weizens.

Quinoa ist ein sogenanntes Pseudogetreide und eine sehr gute pflanzliche Eiweißquelle. Er beinhaltet neben vielen anderen Mineralstoffen wie Folsäure, Zink und Mangan besonders viel Magnesium und Eisen. Für die Hühner brauchen die kleinen Körner nicht gegart zu werden.

Rezept mit Gemüse und Kräutern aus dem eigenen Garten

Zutaten für ca. 10 Hühner:

2 Handvoll gegarter Sonnenweizen

1 Handvoll zerkleinerter Brokkoli

1 Handvoll Quinoa

Zubereitung:

- Den Zartweizen in der dreifachen Menge Wasser bei mittlerer Hitze ca. 15 Minuten köcheln und anschließend noch etwas ziehen lassen, dann abseihen.
- Den Brokkoli mit einem scharfen Messer oder mithilfe der Küchenmaschine klein schneiden. Die Größe der Stücke sollte sich an der Größe beziehungsweise Rasse der Hühner orientieren.
- Zum Schluss Quinoa mit Zartweizen und Brokkoli vermengen und dem hungrigen Federvieh servieren.

Blumenkohl mit pinkem Reis

Dieses Rezept ist gerade im Winter, wenn die Hühner wieder zu legen beginnen, eine super Ergänzung zur täglichen Futterration und sie werden es lieben!

Auch im Herbst, wenn sich die Tiere in der kräftezehrenden Mauser befinden, kann ich diese Mischung sehr empfehlen.

Blumenkohl enthält viel Vitamin C, Kalium und Kalzium! Ich dünste ihn etwas, weil ihn die Hühner dann lieber fressen und besser verwerten können.

Der Reis verdankt seine Farbe der Zugabe von Rote-Bete-Stückchen, die von den Hühnern gern gefressen werden und auch viele wertvolle Nährstoffe enthalten. Natürlich kann auch Reis ohne färbende Bete verwendet werden.

Ich habe den Reis zufällig entdeckt und bin begeistert. Petersilie und Sesam sind sehr reich an Kalzium und meine Hühnermädels lieben beide Zutaten. Besonders der Sesam wird akribisch aufgepickt.

Zubereitung:

- Den Reis mit der doppelten Menge Wasser ca. 15 Minuten kochen.
- Die Blumenkohlröschen mit wenig Wasser bei kleiner Flamme dämpfen und nicht zu weich werden lassen.
- Die Petersilie fein hacken und zusammen mit den Blumenkohlröschen und dem Sesam unter den abgekühlten Reis mischen und füttern.

Rezept mit Gemüse und Kräutern aus dem eigenen Garten

Zutaten für ca. 10 Hühner:

1 Handvoll pinker Reis

2 Handvoll kleine Blumenkohlröschen

1 Handvoll gehackte Petersilie

½ Handvoll Sesam

Tipp: Das Grün vom Blumenkohl kann man zum Abpicken anbieten oder fein gehackt dazugeben!

Und noch ein Tipp: Sie können den pink gefärbten Reis auch selber herstellen, indem Sie eine fein gehackte Rote Bete ins Kochwasser geben.

Kräuterreis

Wenn sich im Frühsommer die Kräuter im Garten im vollen Wachstum befinden und saftig grün sind, bietet sich diese einfache, aber gesunde Mischung besonders an.

Reis wird von den meisten Hühnern gerne gefressen und dient hier als Basis. Zudem steckt er voller wichtiger Kohlenhydratverbindungen, die lange satt machen, enthält aber nur wenig Fett. Bei den Vitalstoffen sind vor allem verschiedene B-Vitamine besonders wertvoll. Unter den Reis können Sie alle Kräuter mischen, die in Ihrem kleinen Paradies wachsen. Hier einige Beispiele:

- Oregano sollte in keinem Hühnergarten fehlen, seine jungen Triebe sind besonders schmackhaft und gesund. Er ist bekannt für seine antibakterielle und antibiotische Wirkung.
- Petersilie strotzt vor Vitamin C und enthält Kalzium in hoher Konzentration. Der Gehalt an ätherischen Ölen ist ebenso beachtenswert.
- Bei Kerbel sollten nur die zarten, jungen Blätter verwendet werden, die älteren schmecken bitter. Kerbel hat eine positive Wirkung auf den Verdauungstrakt und regt den Stoffwechsel an.
- Basilikum ist besonders aromatisch und besticht durch seinen hohen Gehalt an wertvollen Vitaminen und Mineralstoffen. Zudem besitzt das Kraut eine entkrampfende Wirkung auf die Verdauungsorgane.

Rezept mit Gemüse und Kräutern aus dem eigenen Garten

Zutaten für ca. 10 Hühner:

1 Handvoll Reis

3 Handvoll Gartenkräuter wie Petersilie, Kerbel, Oregano, Basilikum

Zubereitung:

- Den Reis in der doppelten Menge Wasser ohne die Zugabe von Salz kochen.
- Die verschiedenen Kräuter am besten um die Mittagszeit ernten und fein hacken.
- Unter den abgekühlten Reis mischen und den Hühnern kredenzen.

Tipp: Sie können den Kräuterreis auch aus der Hand anbieten und so das Vertrauen Ihrer Tiere in Sie stärken.

10 Rezepte für Koch- und Backfans

Brennnessel-Giersch-Spätzle

Meine Hühner bekommen häufig übrig gebliebene Spätzle. Sie sind ganz wild darauf und verschlingen die Leckerbissen.

Da dachte ich mir, es ist Zeit für ein artgerechtes und gesundes Spätzlerezept für unsere Lieblinge.

Im Frühjahr beginnen Brennnesseln und Giersch auszutreiben – genau die richtige Zeit, um das überaus gesunde Grün den Hühnern in besonders leckerer Form anzubieten. Die Brennnessel ist ein absolutes Superfood und enthält neben viel pflanzlichem Eiweiß und Mineralstoffen wie Kalzium, Magnesium und Kalium auch Eisen sowie die Vitamine A und C.

Auch Giersch, der wohl in fast jedem Garten wächst, ist voller wertvoller Mineralstoffe und Vitamine. Die Hühner fressen ihn zwar selten von selbst, in verarbeiteter Form ist er aber eine super Ergänzung zur Brennnessel.

Zubereitung:

- Die Kräuter fein hacken.
- Wasser, Eier und Mehl zu einem glatten Teig verrühren und eine Weile stehen lassen, damit sich alles gut verbinden kann.
- Erst dann die Kräuter hinzugeben.
- In einem großen Topf Wasser zum Kochen bringen und den Teig durch ein Spätzlesieb ins Wasser geben.
- Aufkochen lassen und wenn die Spätzle oben schwimmen, abseihen und in kaltem Wasser abschrecken.
- Das Ganze schön anrichten und eurem geliebten Federvieh servieren.

Tipp für Hühner-Mamas und Hühner-Papas:
Viel Spaß beim Kochen – wenn man dem Teig Salz hinzufügt, die Spätzle in Salzwasser kocht und mit Käse und Sahne verfeinert, sind sie auch für uns Menschen äußerst lecker.

Rezept für Koch- und Backfans

Zutaten für ca. 10 Hühner:

1 Handvoll getrocknete Brennnesseln

1 Handvoll getrockneten Giersch

100 ml Wasser

2 Eier oder 4 Zwerghuhneier

150 g Dinkelmehl

Gesunde Muffins

Wer Hühner hat, der weiß um deren Heißhunger auf Kuchen und Co.

Wenn man sonntags gemütlich im Garten sitzt, eine Tasse Kaffee genießt und ein leckeres Gebäck dazu isst, dauert es nicht lange, bis die Mädels und Jungs vorm Zaun oder gar am Tisch stehen und etwas abhaben wollen. Zwischendurch darf das durchaus mal sein, aber regelmäßig Süßes schadet den Tieren. Mit diesem Rezept können Sie Ihren Hühnern jetzt gesunde Muffins zum Verwöhnen und eine leckere und gesunde Abwechslung zubereiten.

Ich verwende gerne Vollkornmehl, das viele wertvolle Mineralstoffe und Vitamine enthält, außerdem Joghurt, eine gute Eiweiß- und Kalziumquelle. Der macht die Muffins auch schön saftig. Sesam, Sonnenblumenkerne und Haferflocken machen das Ganze noch hochwertiger. Die enthaltenen Vitamine und Mineralstoffe sind wichtig für die Gesundheit der Tiere. Außerdem zählen Sonnenblumenkerne und Sesam zu den beliebtesten Verwöhn-Sämereien. Ihre Tiere werden sich geradezu auf das Gebäck stürzen.

Als weitere Zutat kommen ungeschwefelte Rosinen zu den Muffins, die das Gebäck noch saftiger machen. Die enthaltenen Mineralstoffe wie Kalium, Eisen und Mangan unterstützen den Stoffwechsel, außerdem wird ihnen eine positive Wirkung auf die Leber nachgesagt.

Zimt fördert die Verdauung und besitzt durch das ätherische Öl Eugenol desinfizierende Eigenschaften.

Rezept für Koch- und Backfans

Zutaten für ca. 10 Hühner:

2 Zwerghuhneier oder 1 Ei (Größe L)

50 ml Öl

1 Banane

1 Apfel

150 g Joghurt

100 g Vollkornmehl

2 EL Sesam

2 EL Sonnenblumenkerne

2 EL Haferflocken

1 EL Rosinen

1 TL Zimt

Zubereitung:

- Den Backofen auf 180 Grad vorheizen. Die Zwerghuhneier verquirlen und mit dem Öl und dem Joghurt vermischen.
- Das Vollkornmehl und die restlichen Zutaten untermengen und alles gut verrühren. Das zerkleinerte Obst dazugeben.
- Die Masse in Muffinförmchen füllen und bei 180 Grad ca. 20–25 Minuten backen.
- Abkühlen lassen und an die Hühner verfüttern.

Tipp: Mit dieser Leckerei können Sie auch versuchen, scheue Hühner aus der Reserve zu locken.

Als ich das Rezept das erste Mal getestet habe, wusste mein lieber Mann nicht, dass die Muffins für die Hühner bestimmt waren. Ich kann nur sagen: Sie haben ihm sehr gut geschmeckt.

Grießpudding mit Holunderbeeren

Der Grießpudding zählt zu den kulinarischen Highlights im Herbst; Ihre Hühner werden ihn im Nu verzehren.

Dinkelgrieß wird aus dem vollen Korn hergestellt und ist dadurch sehr gesund. Ich verwende ihn oft und weiß deshalb, dass er sehr sättigend, dabei aber leicht verdaulich ist. Dinkelgrieß enthält viel hochwertiges Eiweiß und ungesättigte Fettsäuren. Der Anteil an Mineralstoffen und Vitaminen ist herausragend und macht den Grieß sehr wertvoll. Besonders die enthaltene Kieselsäure trägt zu einem glänzenden Federkleid bei. Auch der hohe Gehalt an B-Vitaminen, Magnesium und Eisen fördert die Gesundheit Ihrer Hühner.

Holunderbeeren haben einen sehr herben Geschmack, der mit dem Grießbrei aber wundervoll harmoniert und den Tieren generell mundet. Im Gegensatz zu uns Menschen können Hühner und andere Geflügelarten die Beeren auch roh verzehren. In meinem Rezept werden sie teils mitgekocht und teils frisch dazugegeben. Holunderbeeren enthalten neben reichlich Provitamin A viel Vitamin B und essenzielle Mineralstoffe und zudem noch ätherische Öle und Flavonoide.

Zubereitung:

- Wasser und Milch mischen und in einem hohen Topf zum Kochen bringen.
- Kurz vor dem Aufkochen den Dinkelgrieß einrieseln lassen
- und mit dem Schneebesen gut umrühren. Wenn die Masse beginnt, fest zu werden, vom Herd nehmen und etwas abkühlen lassen.
- Die Holunderbeeren dazugeben und untermischen.
- Die noch weiche Masse in Puddingförmchen füllen und abkühlen lassen.
- Auf einen Teller stürzen und mit frischen Beeren bestreuen.

Tipp für Hühner-Mamas und Hühner-Papas:
Besonders gesund ist der aus den Beeren gewonnene Saft im Winter, da er gegen Erkältungskrankheiten hilft und eine entzündungshemmende Wirkung besitzt.

Rezept für Koch- und Backfans

Zutaten für ca. 10 Hühner:

40 g Dinkelgrieß

200 ml Wasser

200 ml Milch

2 Handvoll frisch gepflückte Holunderbeeren und einige zum Garnieren

Warmer Haferbrei mit Äpfeln und Rosinen

Oft ist es gerade im Februar oder März noch einmal so richtig kalt, Ihre Hühner freuen sich deshalb bestimmt über diesen nahrhaften Haferbrei.

Lauwarm kredenzt, werden sie sich sicher regelrecht darauf stürzen, das verspreche ich Ihnen. So können Sie Ihren Tieren, gerade wenn sie wieder mit dem Eierlegen beginnen, etwas wirklich Gutes tun.

Hafermilch ist eine wunderbar leckere Kalzium- und Vitamin-B-Quelle. Achten Sie beim Kauf aber darauf, dass kein Zucker zugesetzt ist. Alleine der Duft der pflanzlichen Milch macht schon richtig Appetit und der Geschmack hat nicht nur meine Hühner überzeugt.

In Verbindung mit den Haferflocken versorgt die Milch Ihre Hühner nicht nur mit besonders vielen essenziellen Mineralstoffen und Vitaminen, sondern auch mit viel gutem Eiweiß.

Der Apfel bringt etwas Frische in den Brei und ist bekanntermaßen sehr gesund.

Besonders beliebt sind bei Hühnern auch die Aroniabeeren. Das Superfood wird akribisch herausgepickt. Der hohe Vitamin-C-Gehalt der Beeren ist neben Eisen und Folsäure gut zur Stärkung des Immunsystems.

Zubereitung:

- Die Hafermilch mit den Haferflocken in einem Topf erhitzen und unter Rühren aufkochen lassen.
- Vom Herd nehmen und weiter rühren. So entsteht in wenigen Minuten ein Brei, der in eine Schale gefüllt wird.

Rezept für Koch- und Backfans

Zutaten für ca. 10 Hühner:

250 ml Hafermilch

50 g Haferflocken

1 Handvoll Aroniabeeren

1 Apfel

1 TL Zimt

- Nun den Apfel gut waschen und in kleine Stücke schneiden. Zum warmen Haferbrei geben und zusammen mit den Aroniabeeren und dem Zimt untermengen.
- Am besten noch lauwarm an die Hühner verfüttern.

Tipp: Besonders an kalten Tagen wärmt der Zimt die Tiere auch von innen.

Hühnerküchlein vital

Diese leckeren und gesunden Küchlein sind besonders verträglich für Hühner.

Leinsamenschrot, Weizenkleie und Haferflocken ergänzen einander perfekt, um die Verdauung zu unterstützen. Es kommt immer wieder vor, dass der Kot der Hühner zu weich oder gar flüssig ist. Die Folge sind oft um die Kloake herum verklebte und verschmutzte Federn. Mit diesen Küchlein können Sie dem entgegenwirken und vorsorgen. So sind Ihre Hühner bestens versorgt und haben eine Beschäftigung mit dem Zerpicken der Küchlein.

Die in Leinsamen, Weizenkleie und Haferflocken in großen Mengen enthaltenen Mineralstoffe wie Magnesium, Kalium, Eisen und Kalzium sowie Vitamine der B-Gruppe verhelfen Ihren Tieren zu einem besonders schönen und glänzenden Federkleid und halten sie gesund und vital. Apfel und Karotte dienen nicht nur als Bindemittel für die Küchlein, sondern bringen auch Geschmack und Vitalstoffe in die Kreation. Das Schwarzkümmelöl unterstützt die Wirksamkeit der enthaltenen Vitamine und besticht durch seine entzündungshemmende und antioxidative Wirkung.

Zubereitung:

- Apfel und Karotten raspeln und mit den restlichen Zutaten vermischen.
- Die Masse etwas stehen lassen, damit sich alles gut verbinden kann.
- Mithilfe eines Löffels den Teig in kleine Silikonförmchen oder in die Vertiefungen einer Muffinform füllen und bei 150 Grad Heißluft für ca. 30–40 Minuten backen.

Tipp: Die Küchlein sind an einem trockenen, luftigen Ort aufbewahrt ein paar Tage haltbar und können auch noch, nachdem sie hart geworden sind, an die Tiere verfüttert werden.

Rezept für Koch- und Backfans

Zutaten für ca. 10 Hühner:

1 Apfel

3 Karotten

2 EL Leinsamenschrot

2 EL Weizenkleie

2 EL Haferflocken

Schwarzkümmelöl

Kräuterfrittaten in Gemüsesuppe

Bei diesem Rezept handelt es sich um einen richtigen Festtagsschmaus, dessen Zubereitung etwas mehr Zeit in Anspruch nimmt.

Bei den Kräuterfrittaten handelt es sich um Palatschinken, die in feine Streifen geschnitten werden. Die Gemüsesuppe bereichert durch das frische Wurzelgemüse das Festtagsmenü mit zusätzlichen Vitaminen und Mineralstoffen.

Durch das Dinkelvollkornmehl haben die Frittaten einen hohen Nährwert, tragen zu einem gesunden Stoffwechsel bei und stärken das Immunsystem. Es enthält die Vitamine B2, B3 und B6 und ist reich an Mineralstoffen. Die zugegebenen Kräuter können je nach Jahreszeit und Angebot frisch oder getrocknet verwendet werden. Ich verwende hier Petersilie, Schnittlauch und Oregano, der ja besonders gut für Hühner ist.

Zubereitung:

- Dinkelvollkornmehl, Eier und Wasser vermengen und zu einem homogenen Teig verarbeiten. Wenn möglich, mindestens eine Stunde rasten lassen. So können sich die Zutaten besser miteinander verbinden.
- In dieser Zeit das Gemüse in schnabelgerechte Stücke schneiden. In etwa 0,5 l Wasser erhitzen, einmal aufkochen lassen und anschließend abkühlen lassen. Durch den kurzen Kochvorgang bleiben die Vitamine besser erhalten und das Gemüse bleibt knackig.
- Die gehackten frischen oder getrockneten Kräuter zum Teig geben.

- Eine flache Pfanne mit ein wenig Öl erhitzen und portionsweise Pfannkuchen backen. Auf einen Teller geben und abkühlen lassen. Wenn sie kühl genug sind, aufrollen und in feine Streifen schneiden.
- Die Gemüsebrühe in eine Schale füllen. Frittaten dazugeben und mit frischer gehackter Petersilie bestreuen.
- An kalten Tagen kann die Suppe auch lauwarm serviert werden.

Viel Spaß beim Kochen! Bitte den Hühnern nicht wegessen!

Rezept für Koch- und Backfans

Zutaten für ca. 10 Hühner:

60 g Dinkelvollkornmehl

2 Eier

100 ml Wasser

1 Bund Suppengemüse

1 Handvoll gehackte Kräuter, z. B. Petersilie, Schnittlauch und Oregano

Pflanzenöl zum Herausbacken

Kürbisrisotto

Herbstzeit ist Kürbiszeit! Kürbis lässt sich einfach kultivieren, wenn man genügend Platz hat, und ist eine leckere und gesunde Bereicherung für den Speiseplan von Huhn und Hühnerhalter!

Besonders der Hokkaido zählt zu meinen Favoriten, da man ihn mit der Schale essen kann! Zudem ist er farblich und geschmacklich eine wahre Köstlichkeit. Kürbis ist reich an Vitaminen und Mineralstoffen wie Beta-Carotin, Kalzium und Eisen. Gerade im Herbst, wenn die Hühner in der Mauser sind, haben sie einen erhöhten Bedarf und da eignet sich dieses saisonale Risotto besonders zur Aufwertung des Speiseplans. Kurkuma verleiht dem Reis eine hübsche Farbe und hat zudem eine entzündungshemmende Wirkung.

Das Kürbiskernöl veredelt die ganze Mischung geschmacklich und ist mit seinem nussigen Geschmack die Krönung in diesem besonderen Rezept. Die enthaltenen Fettsäuren werten das Risotto noch zusätzlich auf.

Zubereitung:

- Kürbis waschen und mit einem scharfen Messer halbieren. Die Kerne und Fäden entfernen, die Kerne beiseitelegen.
- Dann den Hokkaido in Stücke schneiden. Je kleiner die Hühnerrasse, desto kleiner sollten die Stücke sein.
- Anschließend den Reis mit Wasser, Kurkuma und den Kürbisstücken in einen ausreichend großen Topf geben.
- Alles aufkochen und ca. 15 Minuten auf kleiner Flamme köcheln lassen.
- Das Ganze zum Abkühlen in eine Schüssel geben und vor dem Servieren mit Kürbiskernöl und nach Belieben mit gehackten Kürbiskernen garnieren.

Rezept für Koch- und Backfans

Zutaten für ca. 10 Hühner:

1 Handvoll Hokkaidokürbis

½ Tasse Reis

1 Tasse Wasser

1 TL Kurkuma

Kürbiskernöl zum Beträufeln

Kürbiskerne zum Bestreuen

Maismuffins mit Topfentopping

Kuchen hat auf meine Hühner eine unwiderstehliche Anziehungskraft, und da Zucker ja nicht gerade förderlich für die Gesundheit der Tiere ist, habe ich hier eine absolut gesunde, leckere und zuckerfreie Alternative für besonders braves Federvieh.

Maismehl oder Polenta, wie wir in Tirol sagen, ist die Grundzutat für die Muffins. Durch den hohen Gehalt an gut verwertbaren Vitaminen und Mineralstoffen ist das ballaststoffreiche Maismehl eine ideale Basis. Dazu kommen die Eier ihrer glücklichen Hühner und ein hochwertiges Maiskeimöl.

Die Buttermilch enthält sehr viel Kalzium und die Vitamine D und K. In Verbindung mit etwas Natron sorgt sie für eine fluffige Konsistenz und macht die Muffins saftig.

Die meisten vorgekochten Maiskörner aus der Dose werden mitgebacken, ein Teil dient der Deko. Die Körner werden von meinen Tieren zwischendurch sehr gerne gefressen, sie sind leicht verdaulich, und im Gegensatz zu uns Menschen können die Hühner die Nährstoffe besser verwerten.

Gekrönt wird die leckere Köstlichkeit von einem Topfen- und Sauerrahm-Gemisch, das für eine zusätzliche Ration Eiweiß sorgt.

Rezept für Koch- und Backfans

Zutaten für ca. 10 Hühner:

100 g Maismehl

100 g Dinkelvollkornmehl

1 TL Natron

2 Eier

50 ml Maiskeimöl

250 ml Buttermilch

1 Dose Gemüsemais (ohne Zuckerzusatz)

125 g Topfen (Magerquark)

3 EL Sauerrahm

Zubereitung:

- Maismehl, Dinkelvollkornmehl und Natron vermischen. Eier, Maiskeimöl und Buttermilch untermengen. Das Ganze etwas ruhen lassen, damit sich alles gut verbinden kann.
- Die Masse ist recht flüssig. Da die Polenta beim Backen aber viel Feuchtigkeit aufnimmt, soll das so sein.
- Den Mais abgießen und die meisten Körner zur Polenta geben. Anschließend den Teig in die Mulden einer Muffinform oder in Papierförmchen füllen.
- Im vorgeheizten Backofen bei 180 Grad für ca. 20–25 Minuten backen.
- Topfen und Sauerrahm mischen und die Muffins nach dem Abkühlen damit bestreichen oder mit einer Spritztüte schön auftragen.
- Mit den übrigen Maiskörnern bestreuen und der hungrigen Bande servieren.

Tipp: Für backfreudige Hühner-Mamis und -Papis und solche, die es noch werden wollen, ist das Beobachten der gefiederten Lieblinge beim Verspeisen der kleinen Törtchen eine Freude.

Manchmal darf es einfach etwas mehr sein, so wie bei diesen leckeren Muffins.

Heidelbeerpfannkuchen

Diese Pfannkuchen zählen zu meinen Lieblingsspeisen. Ohne Salz und Zucker zubereitet, schmecken sie auch den Hühnern. Die sind nämlich auf Kuchen und Mehlspeisen ganz narrisch, wie wir in Tirol sagen.

Wenn Sie die Möglichkeit haben, machen Sie doch im Sommer eine kleine Wanderung und halten Sie im Wald Ausschau nach Heidelbeeren, bei uns auch Moosbeeren genannt. Reif sind sie in der Regel ab Ende Juli bis Ende August. Selbst gepflückt, sind sie natürlich am gehaltvollsten und der Geruch und Geschmack nach Wald ist einfach wunderbar.

Wer die Möglichkeit nicht hat, kann auch gefrorene Beeren verwenden. Einfach darauf achten, die kleineren Wildheidelbeeren zu kaufen. Natürlich können Sie auch Kulturheidelbeeren verwenden, die sind auch gesund, aber geschmacklich nicht so intensiv und sie verleihen dem Gericht auch nicht die charakteristische lila Farbe. Normalerweise werden Heidelbeerpfannkuchen mit Milch zubereitet. Durch die Verwendung von hochwertigem Mehl und Buttermilch ist das Rezept eine wertvolle und gesunde Ergänzung des Speiseplans.

Buttermilch enthält neben besonders viel Kalzium und anderen wichtigen Mineralstoffen auch wertvolle Vitamine und tierische Eiweiße.

Heidelbeeren schmecken nicht nur sehr lecker, sondern haben durch die enthaltenen Gerb- und Pflanzenfarbstoffe, auch Polyphenole genannt, eine entzündungshemmende Wirkung. Außerdem stärken sie das Immunsystem.

Rezept für Koch- und Backfans

Zutaten für ca. 10 Hühner:

2 Eier

100 ml Buttermilch

80 g Dinkelvollkornmehl

1 Handvoll Heidelbeeren

Fett oder Pflanzenöl zum Ausbacken

Zubereitung:

- Die Eier mit der Buttermilch und dem Mehl glatt rühren und den Teig anschließend für ca. 1 Stunde ruhen lassen.
- Anschließend die frischen oder aufgetauten Wildheidelbeeren unterheben.
- Nun können Sie nach Belieben kleine Pfannkuchen in etwas Fett herausbacken.

Tipp: Mithilfe von Formen, die man in die Pfanne legen kann, können Sie auch besondere Küchlein backen. Aber Vorsicht: Nicht die Finger verbrennen! Am besten verwenden Sie zum Herausnehmen einen Backhandschuh.

Tipp für Hühner-Mamas und -Papas: Mit etwas Salz verfeinert und Zucker obendrauf, sind diese leckeren Pfannkuchen auch für die Familie ein Highlight. Viel Spaß beim Nachkochen.

Kürbiskekse

Dieses Rezept zählt zu den ersten Rezepten, die ich für den Happy-Huhn-Kalender kreiert habe.

Die Kekse sind eine gesunde Nahrung für die Wintermonate, bei richtiger Aufbewahrung – am besten in einer Blechdose mit Deckel – halten sie recht lange.

Die Basis der Kekse bildet der beliebte Hokkaido. Sein nussiger Geschmack und die wertvollen Inhaltsstoffe machen ihn zum idealen Futter in der kalten Jahreszeit.

Sonnenblumenkerne und Hirse laden die Hühner zum Picken ein und so wird schon bald nichts mehr davon übrig sein. Der hohe Fettgehalt der Sonnenblumenkerne liefert an kalten Tagen Energie. In der Hirse ist neben Eisen und Magnesium viel pflanzliches Eiweiß enthalten.

So sind ihre Tiere bestens versorgt und haben eine interessante Abwechslung.

Zubereitung:

- Kürbiskerne und Fäden im Kürbis aushöhlen und das Fruchtfleisch fein raspeln. Nun die Eier, Hirse und Sonnenblumenkerne dazugeben und zusammen mit dem Mehl alles vermischen. Die Masse etwa eine halbe Stunde ziehen lassen, um eine gute Bindung zu erreichen.
- Aus dem Teig kleine Knödel formen oder den Teig flachdrücken und mithilfe von Keksformen verschiedene Formen ausstechen, dann auf ein mit Backpapier ausgelegtes Backblech legen.
- Die Kekse bei 100 Grad ca. 40–60 Minuten backen, je nach Größe und Dicke der Stücke.
- Nach dem Abkühlen kann man sie dann noch auf einem Kuchengitter mehrere Stunden trocknen lassen.

- Nur wenn die Kekse richtig trocken sind, können sie länger aufbewahrt werden, ansonsten schimmeln sie recht schnell.

Tipp: Hängen Sie die Kekse auf oder formen Sie kleine Knödel daraus, die in einen Meisenknödelhalter gelegt werden. Gerade wenn Schnee liegt und die Hühner im Stall bleiben müssen, wird ihnen oft langweilig und auf diese Weise verschaffen Sie den Tieren etwas Abwechslung.

Rezept für Koch- und Backfans

Zutaten für ca. 10 Hühner:

2 Handvoll Kürbisstücke

2 Handvoll Hirsesaat

1 Handvoll geschälte Sonnenblumenkerne

2–3 gehäufte EL Weizenmehl

2 Eier

Knödelchen mit Kräutern und Insekten

Waren Sie schon einmal in Tirol oder leben Sie gar auf diesem schönen Fleckchen Erde? Wenn ja, sind Sie mit großer Wahrscheinlichkeit schon in den Genuss unserer himmlischen Knödel gekommen.

Es gibt viele verschiedene Variationen, also musste ich mir natürlich auch für Hühner etwas einfallen lassen. Entstanden ist ein gesunder und leckerer Snack für das Federvieh, der noch dazu schnell hergestellt ist.

Die Grundzutat ist altbackenes Brot in Würfelform. Brot ist bei Hühnern heiß begehrt, sollte aber wegen des enthaltenen Salzes nur in Maßen gereicht werden. Sie können hier einfach zwei alte Semmeln verwenden und diese in Würfel schneiden oder aber zu geschnittenem Knödelbrot greifen. Natürlich ist auch die Verwertung von Vollkornbrot oder Ähnlichem von Vorteil.

Die Eier und die getrockneten Insekten versorgen die Tiere mit hochwertigem Eiweiß.

Ich habe Soldatenfliegenlarven verwendet, da diese bei meinen Hühnern hoch im Kurs stehen. Außerdem ist die Produktion beziehungsweise

Züchtung dieser Insekten viel nachhaltiger und umweltfreundlicher als etwa bei Mehlwürmern. Hinzu kommt, dass der Kalziumgehalt um 50 Prozent höher als bei Mehlwürmern liegt.

Die Petersilie sorgt für Frische und enthält neben Vitamin C für das Immunsystem auch sehr viel Kalzium.

Zubereitung:

- Die Eier mit dem Wasser verquirlen und anschließend gut mit den bereitgestellten Brotwürfeln vermengen.
- Die Petersilie fein hacken und zusammen mit den getrockneten Insekten dazugeben und vermengen.
- Die Mischung kurz rasten lassen und anschließend zu kleinen Knödelchen formen.

Rezept mit besonderen Zutaten

Zutaten für ca. 10 Hühner:

1 Ei oder 3 Wachteleier

ca. 150 ml Wasser

2 Handvoll Semmelwürfel

1 Handvoll Petersilie

1 Handvoll getrocknete Insekten

Kartoffeln mit Hüttenkäse

Diese Futtermischung empfiehlt sich besonders für die kältere Jahreszeit, wenn die Tiere einen erhöhten Nährstoffbedarf haben.

Die Blüten habe ich im Sommer gesammelt und getrocknet. Sie können gerne auch durch getrocknete Kräuter wie zum Beispiel Oregano ersetzt werden.

Kartoffeln gehören zu den Lebensmitteln, die meine Hühner nicht ganz so gerne mögen. Zwischendurch sorgen sie aber doch für Abwechslung und werden dann auch sehr gut gefressen. Grundsätzlich sollte man Kartoffeln aber sowieso nicht zu oft füttern, sie tragen nämlich zur Verfettung der Tiere bei.

Kartoffeln enthalten sehr viel Eiweiß, das durch die Kombination mit den Eiern und dem Hüttenkäse gut in körpereigenes Eiweiß umgewandelt werden kann.

Eier sind eine wichtige Vitamin-D-Quelle und enthalten wertvolle Mineralstoffe und Spurenelemente. Die meisten Hühner sind auch richtig wild darauf und verspeisen sie schleunigst.

Hüttenkäse kann in moderaten Mengen immer wieder für Abwechslung sorgen, außerdem ist er auch eine sehr gute tierische Eiweißquelle.

Die selbst gesammelten und getrockneten Blüten geben diesem Rezept eine besondere farbliche und geschmackliche Note und enthalten zudem gesundheitsfördernde Wirkstoffe.

Rezept mit besonderen Zutaten

Zutaten für ca. 10 Hühner:

3 mittlere Kartoffeln

5 EL Hüttenkäse

2 Eier

1 EL getrocknete Blüten

Zubereitung:

- Die Kartoffeln in Wasser weich kochen. Nach dem Abkühlen schälen und in kleine Stücke schneiden.
- Die Eier 10 Minuten kochen, abkühlen lassen und dann schälen. Besser ist es, wenn die Eier nicht zu frisch sind, dann lassen sie sich leichter schälen.
- Zum Schluss den Hüttenkäse unterheben. Die Blüten darüberstreuen und den Hühnern stilgerecht servieren.

Tipp: Die Eierschale können Sie ebenfalls zerkleinern und zu den Kartoffeln geben.

Ich habe schon von Bekannten gehört, dass deren Hühner durch den übermäßigen Verzehr von Kartoffeln die Eierproduktion eingestellt haben. Nichtsdestotrotz bereichern sie das Futterspektrum und sind sehr gesund.

Kichererbsen mit Chinakohl

Dieses Rezept ist für Tage, an denen es schnell gehen muss.

Hauptzutat sind Kichererbsen aus der Dose, die kaum Salz enthalten und bedenkenlos an die Hühner verfüttert werden können. Am Anfang werden sie zwar etwas skeptisch sein, sie müssen sich erst an den Geschmack gewöhnen. Aber bald werden sie die Mahlzeit lieben. Ich verwende für mein Rezept Kichererbsen aus der Dose, weil sie nur abgespült werden müssen. So kann man den Salzgehalt weiter reduzieren, das lange Einweichen und Kochen entfällt aber.

Kichererbsen bringen etwas Abwechslung in den Hühneralltag und eignen sich besonders für die Wintermonate. Neben dem hohen Anteil an komplexen Kohlehydraten und Ballaststoffen ist für die Tiere insbesondere das Eiweiß von Bedeutung. Die Körner sind angereichert mit sehr viel Kalzium und Eisen sowie Folsäure und anderen wichtigen Mineralstoffen. Im rohen Zustand sind Kichererbsen giftig, deshalb bitte niemals ungekocht an die Hühner verfüttern.

Chinakohl wird von Hühnern meistens sehr gerne gefressen. Er steckt voller Mineralstoffe und Vitamine, die gut für die Gesundheit ihrer Lieblinge sind.

Kümmelsamen haben eine verdauungsfördernde Wirkung und beugen Blähungen vor. Die getrockneten Brennnesseln ergänzen die äußerst gesunde Mischung zusätzlich mit ihren Wirkstoffen.

Rezept mit besonderen Zutaten

Zutaten für ca. 10 Hühner:

1 Dose Kichererbsen

1 Handvoll Chinakohl

3 EL getrocknete Brennnesseln

1 EL Kümmelsamen

Zubereitung:

- Die Kichererbsen in ein Sieb geben, abspülen und abtropfen lassen. Den Chinakohl in feine Streifen schneiden. Nun die Kichererbsen grob zerkleinern oder mit einem Kartoffelstampfer zerdrücken.
- Die getrockneten Brennnesseln zwischen den Händen zerreiben, sodass ein Pulver entsteht.
- Den Chinakohl, die Kümmelsamen und die Brennnesseln zu den Kichererbsen geben, alles durchmischen und dem lieben Federvieh in einem schönen Teller servieren.

Tipp: Gerade bei kleinen Rassen empfiehlt es sich, die Kichererbsen etwas zu zerkleinern oder zu stampfen.

Risoni Tricolore

Eine kunterbunte und gesunde Mischung aus besten Zutaten bietet dieses eiweißreiche Rezept und durch die Zugabe von Karotten und Romana-Salatherzen ist es knackig frisch – genau richtig also für die Happy Hühner.

Oregano rundet die köstliche Spezialität ab und sorgt für zusätzliche gesundheitsfördernde Effekte.

Risoni Tricolore ist eine Teigware, die zu je einem Drittel aus Speisehirsemehl, Buchweizenmehl und rotem Linsenmehl besteht. Diese Mehlmischung enthält sehr viel Eiweiß und Ballaststoffe sowie Mineralstoffe und Vitamine und ist für die Hühner eine gesunde, schmackhafte und sättigende Abwechslung im Speiseplan.

Angereichert wird die bunte Alternative mit gekochten Eiern, die für noch mehr Eiweiß sorgen. Karotten runden das Farbspektrum und die Quellen an Vitalstoffen ab. Sie werden von den Hühnern zu jeder Jahreszeit gerne gefressen.

Die Salatherzen sorgen für zusätzliche Frische und sind so auch im Winter für eine gesunde Mahlzeit gut. In der kalten Jahreszeit werden die Salatherzen aber kurz gedünstet. Romanasalat zählt zu den wenigen Salaten, die dadurch an Geschmack gewinnen und leichter bekömmlich werden.

Die Sesamsaat ist reich an dem so wichtigen Kalzium und anderen Mineralstoffen.

Rezept mit besonderen Zutaten

Zutaten für ca. 10 Hühner:

2 Handvoll Risoni Tricolore

3 große Eier

2 mittelgroße Karotten

2 Romana-Salatherzen

1 EL Kräuteröl

2 EL getrockneter Oregano

2 EL Sesamsaat

Zubereitung:

- Risoni Tricolore nach Anleitung kochen und abkühlen lassen. Die Eier 10 Minuten kochen, in kaltem Wasser abschrecken, nach dem Erkalten schälen und in Stücke schneiden. Die Karotten raspeln oder in schnabelgerechte Stücke zerkleinern. Die Salatherzen waschen, in Streifen schneiden und kurz andünsten.
- Alles miteinander vermengen und gut durchmischen.
- Mit dem Kräuteröl, dem getrocknetem Oregano und den Sesamkörnern verfeinern.

Rote-Bete-Herzen

Dieses Rezept stammt aus dem Happy-Huhn-Kalender 2022 vom Monat Februar und war für „verliebte" Hühner am Valentinstag gedacht. Aber natürlich habe ich mich auch bei dieser Kreation auf den gesundheitlichen Nutzen konzentriert.

Rote Bete sind ja ein sehr wertvolles Futter für die Wintermonate, da sie regional erworben oder aus eigenem Anbau gut gelagert werden können. Rohnen, wie sie bei uns in Österreich auch genannt werden, haben einen hohen Gehalt an Mineralstoffen und Vitaminen wie Kalzium, Magnesium, Kalium, Eisen, Vitamine der B-Gruppe und Vitamin C sowie Folsäure.

In der Regel werden sie von den Hühnern gerne gefressen und sorgen für wunderbar orange Dotter.

Der Haferanbau hat bei uns in Österreich eine lange Tradition. Beim Hafermark handelt es sich um fein vermahlene Körner. Das Mark dient unter anderem der Bindung, ist aber durch den hohen Mineralstoffgehalt auch eine wertvolle Ergänzung zur Roten Bete.

Hagebutten stecken voller Vitamin C und stärken das Immunsystem. Das Pulver ist praktisch in der Anwendung und beugt unter anderem Entzündungen vor. Die frischen oder auch getrockneten ganzen Hagebutten bereichern die Mischung zusätzlich, denn die enthaltenen Kerne sind mit feinen Härchen bedeckt, die im Verdauungstrakt gegen Wurmbefall helfen können.

Gammarus sind getrocknete Bachflohkrebse, die im Aquaristikbedarf erhältlich sind. Sie sind eine hervorragende Eiweißquelle für zwischendurch und die Hühner mögen die Knabberei.

Rezept mit besonderen Zutaten

Zutaten für ca. 10 Hühner:

2 mittelgroße Rote Bete

2 TL Hagebuttenpulver

4 EL Hafermark

8 Hagebutten

Gammarus zum Bestreuen

Zubereitung:

- Die Rote Bete in nur wenig kochendes Wasser geben, die Temperatur reduzieren und langsam dämpfen, bis die Knollen weich sind. Nach dem Abkühlen von der Schale befreien und das Fruchtfleisch zerdrücken oder mit einem Multizerkleinerer fein hacken.
- Nun Hafermark und Hagebuttenpulver dazugeben und alles gut durchmischen.
- Die Masse nach und nach z. B. in Keksformen oder Silikon-Herzen streichen und die Leckerei vor dem Verfüttern mit Gammarus bestreuen.

Bulgur Spezial

Im Frühjahr, wenn das erste Grün zu sprießen beginnt, sind die Hühner ganz heiß auf Kräuter und alles Grüne.

Dabei verschmähen sie aber oft Pflanzen, die sehr gut für ihre Gesundheit und Vitalität sind, wie beispielsweise Giersch, der wohl beinahe in jedem Garten anzutreffen ist und meist wild wuchert. Mit diesem Gericht bereiten Sie Ihren Tieren ein schmackhaftes und richtig gesundes Frischfutter zu, das gerne öfter auf dem Hühner-Speiseplan stehen darf.

Giersch hat einen ungemein hohen Vitamin-C-Gehalt und enthält auch sonst jede Menge andere Vitamine und Mineralstoffe. Er soll zudem eine entgiftende und blutreinigende Wirkung haben.

Gänseblümchen sind die liebsten Frühlingsboten und erfreuen uns jedes Jahr aufs Neue, wenn sie ihre hübschen Blütenköpfe der Sonne entgegenstrecken. Dabei enthalten sie jede Menge Vitalstoffe und regen die Verdauung an. Die Gartenmelde ist für viele ein lästiges Unkraut, wird jedoch von Hühnern und insbesondere auch Wachteln sehr gerne gefressen. Dabei kommt den Tieren der hohe Vitamin-C-Gehalt und die vielen enthaltenen Mineralstoffe zugute.

Bulgur ist unter Wasserdampf vorgekochter Weizen, der nach der anschließenden Trocknung von der Kleie befreit und grob oder fein geschnitten wird. Das macht ihn so gesund und nährstoffreich. Besonders das für die Hühner so wichtige Kalzium ist in größeren Mengen enthalten.

Zubereitung:

- Den Bulgur nach Packungsangaben in Wasser dünsten. Während er auskühlt, Gänseblümchen, Giersch und Melde klein schneiden oder hacken.
- Die Kräuter unter den Bulgur mischen und den Hühnern kredenzen.

Rezept für gesunde und vitale Hühner und Küken

Zutaten für ca. 10 Hühner:

1 Handvoll Bulgur

2 EL Gänseblümchenblüten

1 Handvoll Giersch

1 Handvoll Gartenmelde

Detox für den Frühling

Auch unsere Hühner können Giftstoffe in der Leber speichern, die sie unweigerlich über das Futter und auch bei der Futtersuche im Garten aufnehmen.

Hierfür habe ich mir eine Kombination aus entgiftenden und gesunden Zutaten überlegt, die den Tieren im Frühjahr gefüttert werden können. Das Futter führt so zu einer natürlichen und sanften Entgiftung des Tierorganismus.

Die Basis des Gerichts bildet Vollkornreis, der viele essenzielle Vitamine und Mineralstoffe enthält. Auch der Anteil an mehrfach ungesättigten Fettsäuren ist viel höher als in geschältem Reis, was die Vollwert-Variante so wertvoll macht.

Spargel ist im Frühjahr ein beliebtes Gemüse, und weil ich den grünen lieber esse als den weißen, kommt der hier auch zum Einsatz. Grüner Spargel enthält viele Vitamine, insbesondere Vitamin C und Vitamin A und viele Mineralstoffe. Da er nicht geschält werden muss, bleiben die Inhaltsstoffe besser erhalten als beim weißen Spargel. Anfangs sind die Hühner bei der neuen Geschmacksrichtung vielleicht etwas skeptisch, aber das wird sich bald legen.

Löwenzahnblätter enthalten viele Mineralstoffe wie Kalium und wertvolle Spurenelemente, z. B. Zink und Kupfer. Diese Inhaltsstoffe bewirken, dass die Blätter eine verdauungsfördernde und appetitanregende Wirkung haben. Die meisten Hühner lieben Löwenzahn und im Frühling ist er zeitig in großen Mengen zu finden.

Mariendistelsamen sind bekannt für ihre entgiftende Wirkung auf die Leber. Das enthaltene Silymarin, Flavonoide und Schleimstoffe hemmen gleichzeitig die Aufnahme von Giftstoffen. Die kleinen Samen werden von Hühnern gerne aufgenommen und ergänzen die anderen Zutaten perfekt.

Zeolith ist ein feines Pulver, das aus Vulkangestein gewonnen wird und Giftstoffe an sich bindet. Anschließend scheidet der Körper sie aus.

Zubereitung:

- Den Spargel waschen und in kleine Stücke schneiden. Gemeinsam mit dem Vollkornreis in der auf der Packung angegebenen Menge Wasser aufkochen und garen.
- Anschließend die Reis-Spargel-Mischung in eine Schüssel umfüllen und abkühlen lassen.

Rezept für gesunde und vitale Hühner und Küken

Zutaten für ca. 10 Hühner:

3 Stangen grüner Spargel

1 Handvoll Vollkornreis

2 Handvoll Löwenzahnblätter

3 EL Mariendistelsamen

1 EL Zeolith

- Unterdessen die Löwenzahnblätter fein schneiden.
- Zum Schluss alle Zutaten mischen und den Hühnern servieren.

Tipp: Füttern Sie nicht zu viel Spargel, sonst schmecken die Eier nach dem Gemüse.

Erkältungssaft

Diesen Saft gegen Husten und verschleimte Atemwege hat meine Tierärztin empfohlen. Ich habe ihn mittlerweile schon sehr oft erfolgreich angewendet.

Es passiert immer wieder mal, dass sich Hühner einfach verkühlen, wie wir Menschen auch. Das kann zu jeder Jahreszeit vorkommen und gehört wohl auch zum Hühner-Dasein dazu. Solange die Tiere fressen und nicht ganz schlecht beieinander sind, können Sie auf jeden Fall das altbewährte Hausmittel anwenden, ansonsten sollte der Tierarzt sich die Hühner anschauen.

Die gesunde Zwiebel ist die Hauptzutat in meinem Rezept. Sie wirkt schleimlösend und hilft so, die Atemwege frei zu bekommen.

Thymian unterstützt durch seine heilenden und befreienden Eigenschaften und Oregano wirkt antibiotisch und ist, gerade was die Gesunderhaltung unserer Hühner betrifft, sehr wertvoll. Salbei ist ebenfalls sehr gut für die Atemwege und hilft, Keime im Rachenraum abzutöten. Für einen leckeren Geschmack sorgt in meinem Rezept der Honig, der gleichzeitig einem kratzenden Hals vorbeugt.

Zubereitung:

- Die Zwiebel schälen und in Würfel schneiden, zusammen mit den Kräutern im Wasser aufkochen. Die Hitze reduzieren und 30 Minuten ziehen lassen.
- Nachdem alles etwas abgekühlt ist, abseihen und den Honig zum noch warmen Sud geben, sodass er sich gut auflösen kann.

Tipp: Sollte sich der Zustand nicht bessern, ist ein Tierarzt aufzusuchen.

Rezept für gesunde und vitale Hühner und Küken

Zutaten für ca. 10 Hühner:

1 große Zwiebel

2 EL gehackter Thymian

1 EL gehackter Oregano

1 EL gehackter Salbei

500 ml Wasser

2 EL Honig

Ich biete den Saft in einer kleinen Schüssel an. Wenn ein Huhn aber besonders verkühlt ist, ziehe ich etwas davon in einer Spritze auf und gebe den Saft dem Patienten direkt in den Schnabel.

Grünkern mit Kräutern bei Hühnerschnupfen

Auch in der warmen Jahreszeit können Hühner sich eine leichte Erkältung mit Schnupfen zuziehen.

Mit dem Rezept „Grünkern mit Kräutern" können Sie dann die Genesung Ihrer Lieblinge unterstützen. Im besten Fall wachsen alle Kräuter im eigenen Garten, wie es bei mir der Fall ist.

Als Basis der Mischung dient Grünkern. Hierbei handelt es sich um halbreif geernteten Dinkel, der besonders viele Mineralstoffe, Vitamine und Spurenelemente enthält.

Schafgarbe wächst gerne auf trockenen, kargen Standorten. Die enthaltenen ätherischen Substanzen wie Azulen, Eukalyptol, Flavone, Bitterstoffe und Gerbstoffe wirken entzündungshemmend und antibakteriell.

Thymian sollte in keinem Happy Hühnergarten fehlen und ist bekannt für seine schleimlösende Wirkung. Zudem entspannen die enthaltenen ätherischen Öle die Bronchialmuskulatur.

In den meisten naturnahen Gärten ist außerdem Spitzwegerich anzutreffen, der mit seiner antibakteriellen und entzündungshemmenden Wirkung eine wichtige Zutat ist. Er stimuliert das Immunsystem und hemmt gegebenenfalls den Hustenreiz.

Die in der Kapuzinerkresse enthaltenen Senföle und der hohe Vitamin-C-Gehalt stärken zusätzlich das Immunsystem der Hühner. Hier ist es wichtig, nicht zu viel zu verwenden, da die Blätter leicht scharf schmecken.

Auch beim Salbei ist weniger mehr, jedoch unterstützen die krampflösenden Eigenschaften die Wirkung der anderen Kräuter.

Königskerzenöl, nach Möglichkeit selbst angesetzt aus den Blüten der Pflanze, hat auch eine schleimlösende und heilende Wirkkraft auf die Atmungsorgane.

Rezept für gesunde und vitale Hühner und Küken

Zutaten für ca. 10 Hühner:

2 Handvoll gekochter Grünkern

1 EL gehackte Schafgarbe

1 TL gehackter Thymian

1 EL gehackter Spitzwegerich

1 TL gehackte Kapuzinerkresse

3 Salbeiblätter

2 EL Königskerzenöl

Zubereitung:

- Den Grünkern in ausreichend Wasser garen und anschließend auskühlen lassen.
- Die Kräuter am besten in der Mittagszeit bei trockenem Wetter ernten und kleinhacken.
- Unter den Grünkern heben und alles mit Königskerzenöl mischen.

Kräutertopfen für Küken

Auch Küken mögen Abwechslung und mit diesem Rezept werden Sie ihnen sicher eine Freude bereiten.

Geeignet ist es ab dem zehnten Lebenstag, wenn die Kleinen schon munter unterwegs sind und die Verdauungsorgane gut arbeiten. Topfen, Eier und Kräuter sind die perfekte Kombination für dieses Kükenfutter, das den hohen Eiweißbedarf der jungen Tiere gut decken kann.

Eier kommen bei mir und vielen bekannten Hühnerhaltern schon ab den ersten Lebenstagen regelmäßig zum Einsatz. Sie sind einfach die perfekte Eiweißquelle und punkten dazu mit ihren wertvollen Vitaminen und Mineralstoffen.

Topfen oder Quark ist ebenfalls eine tierische Eiweißquelle, liefert zusätzlich aber noch jede Menge Kalzium, das für den Aufbau der Knochen und Gelenke unerlässlich ist. Da Küken sehr schnell wachsen, kann man damit ihre gesunde Entwicklung unterstützen. Die wundervolle Brennnessel darf hier natürlich auch nicht fehlen. Ihr hoher Gehalt an Eiweiß und essenziellen Mineralstoffen, besonders Kalzium, macht sie für mich zum unerlässlichen Begleiter in der Kükenaufzucht.

Dazu kommen noch Giersch, Oregano und Kamille, die möglichst frisch geerntet werden sollten. Kamille unterstützt insbesondere die Verdauungsorgane der Kleinen. Oregano und Giersch stärken das Immunsystem und beugen Krankheiten vor.

Zubereitung:

- Die Eier 10 Minuten kochen, in kaltem Wasser abschrecken und abkühlen lassen.
- In der Zwischenzeit die Kräuter mit einem guten Messer oder einem Multizerkleinerer fein hacken. Die Eier schälen und ebenfalls zerkleinern.
- Nun alles vorsichtig mit dem Quark vermengen und den Küken portionsweise füttern.

Rezept für gesunde und vitale Hühner und Küken

Zutaten für eine kleine Kükenschar:

2 Eier

2 EL gehackte Brennessel

2 EL gehackter Giersch, Kamille und Oregano

3 EL Topfen (Magerquark)

Das ist eine wirklich ausgewogene Futtermischung für zwischendurch, die Ihre Küken zu gesunden und vitalen Junghühnern heranwachsen lässt.

Kükenkekse

Kräuter gehören für mich zu einer natürlichen und artgerechten Aufzucht von Küken dazu.

Ein Züchter, der sehr viele Tiere aufzieht, kann sich zwar nicht die Zeit nehmen und Leckereien zusammenstellen, aber für uns Hobbyhalter, die wir jedes Jahr nur ein paar Küken großziehen, ist es ein Leichtes, besondere Rezepte mit Kräutern zuzubereiten. Natürlich ist auch die Versorgung mit Proteinen ganz wichtig. In diesem und einigen anderen Rezepten dient Gammarus als Quelle dafür.

Gammarus sind getrocknete Bachflohkrebse, die naturgemäß sehr viele Proteine enthalten. Auch der Mineralstoffgehalt, allen voran Kalzium, machen Gammarus für das Kükenfutter interessant.

Das Hafermark – fein vermahlener Hafer – besticht ebenfalls mit seinem Gehalt an Eiweiß sowie Mineralstoffen und Vitaminen und ist für die Verdauung sehr wichtig. Zudem liefert es Energie, die für das schnelle Wachstum und den hohen Stoffwechsel unerlässlich ist.

Als eine Art Bindemittel dient außerdem der Apfel, der alles zusammenhält und reichlich gesundheitsfördernde Inhaltsstoffe vorweisen kann.

Kamillenblüten und der Blaumohn unterstützen die Verdauung, während der Oregano für seine antibakterielle Wirkung bekannt ist.

Rezept für gesunde und vitale Hühner und Küken

Zutaten für eine kleine Kükenschar:

1 EL Kamilleblüten

¼ Apfel

2 EL Hafermark

2 EL Gammarus

1 TL Oregano

1 TL Blaumohn

Zubereitung:

- Die Kamillenblüten fein hacken. Das Apfelviertel fein reiben, sodass ein Mus entsteht.
- Hafermark, Gammarus und die restlichen Zutaten dazugeben und vermischen.
- Nach Bedarf noch etwas Apfel reiben und dazugeben.
- Das Futter portionsweise anbieten.

Tipp: Wenn Sie Zeit haben, können Sie die Mischung nach und nach in kleine Ausstechformen drücken und den Küken als Kekse anbieten.

Küken-Power-Futter

Die Aufzucht von Küken ist immer wieder ein ganz besonderes Erlebnis. Ob bei Kunstbrut oder der von mir bevorzugten Naturbrut mit Glucke, die kleinen Flauschbällchen benötigen besonders gutes Futter.

Wenn Küken von klein auf an verschiedene Futterarten gewöhnt werden, sind sie auch später nicht so wählerisch und freuen sich über einen vielfältigen und abwechslungsreichen Speiseplan.

Beim Küken-Power-Futter handelt es sich um ein altbewährtes Rezept aus Großmutters Zeiten, das ich etwas abgeändert habe. Es kann ab dem dritten Lebenstag verabreicht werden und hilft den Küken dabei, sich zu gesunden und fitten Hühnern zu entwickeln.

Ich habe diese Futtermischung schon viele Male zubereitet, sie ist die perfekte Ergänzung zum Kükenkorn. Auch die Glucken freuen sich immer darüber und bieten sie den Küken sofort an. Sollte dennoch einmal etwas übrig bleiben, wird sich der Rest der Hühnerschar mit Freude darauf stürzen.

Hirseflocken sind besonders verträglich und leicht verdaulich. Der hohe Gehalt an essenziellen Mineralstoffen wie Magnesium und Kalzium ist gerade für Küken wichtig, da er für die Entwicklung von Knochen, Gelenken und Federn unerlässlich ist. Der hohe pflanzliche Eiweißgehalt harmoniert perfekt mit dem tierischen Eiweiß in den Eiern.

Auch die Brennnessel enthält viel wertvolles Eiweiß und zusätzlich Magnesium und Kalzium, ergänzt also die anderen Zutaten sehr gut. Bierhefe fördert den Wuchs der Federn und rundet das Futter ab, Karotten sind gut für die Verdauung und versorgen die Kleinen mit besonders vielen Vitaminen wie Vitamin A. Durch die Zugabe von etwas Leinöl kann die Mahlzeit seine Wirksamkeit besser entfalten.

Rezept für gesunde und vitale Hühner und Küken

Zutaten für eine kleine Kükenschar:

2 Eier

1 große Karotte

1 Handvoll Brennnessel

1 Handvoll Hirseflocken

1 TL Bierhefe-Pulver

1 TL Leinöl

Zubereitung:

- Die Eier, im Idealfall von den eigenen Hühnern, 10 Minuten kochen, in kaltem Wasser abschrecken und abkühlen lassen. Die Karotte fein raspeln, die Brennnessel fein hacken.
- Eier schälen und ebenfalls zerkleinern.
- Nun alles mischen und den Küken anbieten.

Rotkraut und Endivie

Dieses Rezept steckt voller Vitamine und Mineralstoffe, die Mahlzeit wird Ihren Hühnern garantiert schmecken.

Besonders in Zeiten erhöhten Nährstoffbedarfs, wie der Mauser, bietet sich dieses Rezept besonders gut an. Reis und Sonnenweizen werden gleichermaßen gern gefressen und bilden die sättigende und ballaststoffreiche Basis. Außerdem ist der Sonnenweizen reich an wertvollen Mineralstoffen, also ideal für die Hühnergesundheit und das Wohlbefinden der Tiere.

Der Rotkohl besticht durch seinen feinen Geschmack und seinen hohen Vitamingehalt. Vor allem die Vitamine K und E sowie B-Vitamine sind gut vertreten. Endiviensalat ist vom Geschmack her etwas bitter, doch die dafür verantwortlichen Bitterstoffe haben eine positive Wirkung auf die Verdauung. Überhaupt wird die Endivie oft unterschätzt, enthält sie doch einen hohen Anteil an Vitaminen wie A, B und C und viele Mineralstoffe wie Kalium, Kalzium und Magnesium.

Die in der Gesunderhaltung von Hühnern unerlässliche Möhre ergänzt die farbenfrohe Mischung und den Gehalt an essenziellen Inhaltsstoffen. Ein gutes Kräuteröl verstärkt die Wirkung zusätzlich.

Rezept für gesunde und vitale Hühner und Küken

Zutaten für ca. 10 Hühner:

1 Handvoll Reis

1 Handvoll Sonnenweizen

1 Handvoll Rotkraut

1 Handvoll Endiviensalat

1 Handvoll Karotten

4 EL Kräuteröl

Zubereitung:

- 1 Handvoll Reis und 1 Handvoll Sonnenweizen gemeinsam in der doppelten Menge Wasser aufkochen und anschließend auf kleiner Flamme für ca. 15 Minuten dämpfen.
- Anschließend gegebenenfalls abgießen und abkühlen lassen.
- In der Zwischenzeit den Rotkohl und den Endiviensalat in feine Streifen schneiden oder anderweitig zerkleinern.
- Die Karotten raspeln und dazugeben.
- Alles unter den abgekühlten Reis-Sonnenweizen mischen und mit dem Kräuteröl verfeinern.

Verdauungsfutter

Manchmal leiden Hühner an Durchfall oder haben einen zu weichen Kot.

Gerade wenn die Tiere viel Freigang haben und in allen Ecken des Gartens unterwegs sind, kann es vorkommen, dass sie etwas fressen, das ihnen nicht so gut bekommt. In solchen Fällen kann mein Verdauungsfutter Besserung verschaffen. Bei richtig kranken Tieren mit starken Symptomen sollte aber der Rat des Tierarztes eingeholt werden.

Als Basis dient hier Einkorn, das eine gesunde Abwechslung im Speiseplan darstellt. Das Urgetreide ist reich an Mineralstoffen und Vitaminen wie Magnesium, Eisen und Mangan. Außerdem enthält das Korn viele essenzielle Aminosäuren und ist sehr ballaststoffreich. Spinat ist bei Hühnern sehr beliebt und dient hier unter anderem der geschmacklichen Bereicherung. Sollte der Spinat nicht aus dem eigenen Garten stammen, bitte unbedingt gut waschen und nach Möglichkeit mit einer Salatschleuder trocknen.

Kümmelsamen regen die Verdauung an und sollen gemeinsam mit der Kamille den Magen beruhigen. Dazu trägt auch die entkrampfende Wirkung der Kamille bei. Melisse hilft den Hühnern mit ihren beruhigenden Wirkstoffen zusätzlich.

Heilerde hilft beim Entgiften, indem sie schädliche Stoffe bindet. Die natürliche Darmflora sowie Vitamine und Mineralstoffe bleiben dagegen erhalten.

Rezept für gesunde und vitale Hühner und Küken

Zutaten für ca. 10 Hühner:

1 Handvoll Einkorn

2 Handvoll Spinat

1 EL Kümmelsaat

1 EL Melisse

1 EL Kamille samt Blüten

1 EL Heilerde

Zubereitung:

- Einkorn in ausreichend Wasser kochen und abkühlen lassen.
- In der Zwischenzeit den Spinat gut waschen und trocken schleudern. Anschließend in schnabelgerechte Größe schneiden.
- Die Kräuter fein hacken.
- Alle Zutaten mischen und den Hühnern anbieten.

Tipp: Die frischen Kräuter aus dem Garten sollten um die Mittagszeit geerntet werden, um ihre volle Kraft zu entfalten. Wenn Sie dazu nicht die Möglichkeit haben, können natürlich auch getrocknete Kamille und getrocknete Melisse verwendet werden.

Wurmkur

Um die Hühner vor einem starken Wurmbefall zu schützen, empfiehlt es sich, sie regelmäßig mit wurmfeindlichen Futtermitteln zu versorgen.

Dazu gehören unter anderem Karotten und Knoblauch. Sie bewirken, dass sich beispielsweise Spulwürmer und Haarwürmer im Darm der Tiere nicht mehr wohlfühlen. Normalerweise haben Hühner eine gewisse Zahl an Parasiten im Körper, mit der richtigen Fütterung werden sie sich auch nicht weiter ausbreiten.

Dieses Futter kann regelmäßig gereicht werden, um ihre Hühner gesund zu halten. Sollten Sie jedoch Würmer im Kot finden, rate ich zu einem Wurmmittel, welches von einem Tierarzt zu holen ist.

Als Basis für die Wurmkur dient hier der Sonnenweizen, den die meisten Hühner sehr gerne fressen. Joghurt sorgt für wertvolles tierisches Eiweiß und enthält wie der Weizen viel Kalzium.

Karotten und Knoblauch vertreiben die lästigen Plagegeister aus dem Darm oder dämmen deren Anzahl deutlich ein. So wird ein starker Befall verhindert, der das Wohlbefinden und die Gesundheit Ihrer Tiere beeinträchtigt. Zudem steckt das Gemüse voll wichtiger Vitamine und Mineralstoffe; Knoblauch stärkt das Immunsystem zusätzlich.

Zubereitung:

- Sonnenweizen in ausreichend Wasser garen und abkühlen lassen.
- Unterdessen die Karotte raspeln und den Knoblauch zerkleinern. Die Wurmkräuter und die Hagebutten fein hacken.
- Gemeinsam mit dem Joghurt zum Sonnenweizen geben und alles gut durchmischen.

Rezept für gesunde und vitale Hühner und Küken

Zutaten für ca. 10 Hühner:

2 Handvoll Sonnenweizen

1 Karotte

2 Knoblauchzehen

2 EL Wurmkräuter
wie Wermut, Walnussblätter, Brennnessel

1–2 Hagebutten

4 EL Joghurt

Tipp: Um eine noch bessere Wirkung zu erzielen, empfehle ich die Zugabe von Wurmkräutern wie Wermut, Walnussblätter, Basilikum, Dill, Giersch und Brennnessel. Auch Kürbiskerne und Hagebutten können präventiv gegen Würmer helfen. Es gibt auch fertige Mischungen im Handel, z. B. im Wachtel-Shop, die ich sehr empfehlen kann.
www.wachtel-shop.com

Im Sommer sollten Sie den Hühnern nur so viel anbieten, wie auch gefressen wird, da die Mischung durch den Joghurt schneller verderben kann.

Beerentraum

Erfrischend und besonders lecker, nicht nur für Hühner, ist diese Kreation mit Ricotta und frischen Erdbeeren, am besten frisch gepflückt aus dem eigenen Garten.

An warmen Tagen werden ihre gefiederten Lieblinge sicher ihre Freude daran haben und sich sogleich darüber hermachen.

Ricotta ist ein italienischer Frischkäse, der sehr cremig ist und bei meinen Hühnern besonders gut ankommt. Wie alle Milchprodukte ist er eine wertvolle Eiweißquelle und reich an Kalzium und anderen Mineralstoffen.

Frische gepflückte Erdbeeren, vielleicht sogar aus dem eigenen Garten, stecken voller Vitamine und schmecken besonders gut. Aber auch gekaufte Erdbeeren können natürlich verwendet werden, allerdings sollten sie aus regionaler Herkunft sein.

Dinkelpops sind nichts anderes als gepuffte Dinkelkörner, die mit etwas Honig ummantelt sind. Da Honig sehr gesund und sogar entzündungshemmend sein soll, darf der Zuckergehalt in diesem Rezept einmal vernachlässigt werden. Er wird durch die vielen Mineralstoffe und Vitamine im Dinkel ausgeglichen.

Die frische Minze ist sozusagen das „Tüpfelchen auf dem i", sie erfrischt tatsächlich und punktet darüber hinaus noch mit ihrer schleimlösenden und entzündungshemmenden Wirkung.

Rezept – erfrischend & fruchtig

Zutaten für ca. 10 Hühner:

200 g Ricotta

1 Handvoll Erdbeeren

1 kleine Handvoll Dinkelpops

1 EL gehackte Minze

Zubereitung:

- Ricotta auf einen Teller stürzen und mit den klein geschnittenen Erdbeeren vermengen.
- Anschließend die Dinkelpops und die klein geschnittene Minze darüberstreuen.

Tipp für Hühner-Mamas und Hühner-Papas: Für den eigenen Genuss eventuell etwas Zucker dazugeben und genießen.

Couscous mit Gurke

Dieses erfrischende Rezept ist ein leckerer Genuss für heiße Tage.

Vor allem die Gurken sind im Sommer als Futter empfehlenswert, weil sie viel Wasser enthalten. Dies macht sie an warmen Tagen in den Sommermonaten besonders interessant für die Hühner. Natürlich sollte sie in Maßen gereicht werden und nicht täglich, da es sonst zu Durchfall kommen kann.

Die Gurke sorgt durch ihren hohen Wassergehalt dafür, dass die Hühner zusätzlich Flüssigkeit zu sich nehmen. Außerdem enthält sie recht viele Mineralstoffe wie Kalium, Kalzium und Magnesium und Vitamine der B-Gruppe.

Couscous ist einfach in der Zubereitung und wird nach anfänglicher Skepsis im Normalfall sehr gerne gefressen. Besonders meine Wachteln mögen ihn sehr gerne.

Borretsch wächst wild in meinem Garten, samt sich aus und erscheint jedes Jahr verlässlich wieder. Die Blätter kann man wie Spinat verwenden, sie schmecken tatsächlich wie Gurken. Da das Kraut recht stark behaart ist, empfiehlt es sich, alles in feine Streifen zu schneiden. So wird es von den Hühnern sehr gerne gefressen. Meine Wachteln kommen regelmäßig in den Genuss von Borretschblättern und fressen sie restlos auf. Interessant ist auch die entzündungshemmende und blutreinigende Wirkung. So trägt die Pflanze auch zur Gesundheit unserer Tiere bei.

Rezept – erfrischend & fruchtig

Zutaten für ca. 10 Hühner:

2 Handvoll Couscous

2 Handvoll Gurkenstücke

4 EL Joghurt

2 EL Borretsch

Borretschblüten

Zubereitung:

- Den Couscous mit heißem Wasser übergießen und quellen lassen. In der Zwischenzeit die Gurke raspeln und die frisch geernteten Borretschblätter fein schneiden.
- Wenn der Couscous abgekühlt ist, die Gurken, den Joghurt und den Borretsch dazugeben und vermischen.
- Mit den essbaren Borretschblüten dekorieren und den lieben Hühnern servieren.

Tipp: An besonders heißen Tagen nur so viel anbieten, wie die Hühner auch fressen, oder die Reste im Kühlschrank aufbewahren und zu einem späteren Zeitpunkt wieder anbieten.

Frozen Yoghurt

Frozen Yoghurt schmeckt nicht nur vielen Menschen sehr gut, auch die Hühner mögen diese Leckerei.

Außerdem haben die Tiere damit etwas zum Picken und Bearbeiten, also eine schöne Beschäftigung. Ganz nebenbei bekommen sie noch gesunde Blütenblätter der Ringelblume zum Fressen angeboten.

Sie können Frozen Yoghurt natürlich auch mit allerlei anderen Zutaten anreichern wie Beeren, Melone oder andere Obstsorten, die dafür in kleine Stücke geschnitten werden.

Auch verschiedene Gemüsesorten bieten sich dafür an. Ihrem Einfallsreichtum sind also keine Grenzen gesetzt, aber wahrscheinlich werden sie sich nach den Vorlieben ihrer Lieblinge richten.

Die Grundlage des Rezepts ist Joghurt. Er ist eine gute Eiweißquelle und enthält viel Kalzium. Die Hühner vertragen Joghurt gut und fressen ihn auch gerne.

Für mein Frozen-Yoghurt-Rezept habe ich Ringelblume verwendet. Sie wirkt beruhigend und hat einen positiven Einfluss auf die Verdauung. Ringelblumen wachsen seit Jahren wild im Garten und säen sich verlässlich selbst aus. Diese wunderschöne Blume ist nicht nur ein Insekten-Magnet, sondern besitzt auch vielfältige Heilwirkungen.

Zubereitung:

- Joghurt mit den frisch gepflückten oder getrockneten Ringelblumenblüten vermischen.
- Die Mischung in Eiswürfelformen oder Muffinförmchen füllen und in den Gefrierschrank geben.
- Spätestens am nächsten Tag ist das Frozen Yoghurt bereit, von Ihren Hühnern verspeist zu werden.

Rezept – erfrischend & fruchtig

Zutaten für ca. 10 Hühner:

1 Becher Naturjoghurt

1 Handvoll Ringelblumenblüten

Außerdem:
Eiswürfelformen oder Silikonförmchen für Muffins

Ich setze die Ringelblumenblüten in Öl an und mache gerne Salbe aus dem gewonnenen Auszug. Sie hilft sehr gut bei Verletzungen und kann auch bei Hühnern und Wachteln angewendet werden. Das Öl wird übers Futter gegeben und hat sogar leicht antibiotische Wirkung.

Gemüse-Couscous

Bei diesem Gemüse-Couscous handelt es sich um ein einfaches und schnelles Rezept, das sich besonders im Frühjahr anbietet, wenn frische Mangoldblätter und Radieschen zur Verfügung stehen.

Sie können mit nur wenigen Zutaten in kurzer Zeit ein delikates und äußerst gesundes Verwöhnfutter für Ihr geliebtes Federvieh zaubern. Couscous kommt aus der nordafrikanischen Küche. Getreide, meistens Hartweizen, wird dafür zu Grieß vermahlen, angefeuchtet, zu Kügelchen gerollt, über Wasserdampf aufgeschlossen und anschließend getrocknet.

Couscous ist sehr kohlenhydratreich und enthält dabei wenig Fett. Hervorzuheben ist der relativ hohe Gehalt an Selen, das für den Stoffwechsel und die Stärkung des Immunsystems hilfreich ist. Auch Kalium und Magnesium sowie Eisen sind in nennenswerten Mengen enthalten.

Bereichert wird der Couscous durch frische Radieschen und Mangold, die nach Möglichkeit aus dem eigenen Garten stammen oder in Bio-Qualität gekauft werden. Radieschen haben eine leichte Schärfe, die die Hühner aber nicht stört. Sie sind reich an Vitamin C und enthalten ebenso wie der Couscous viel Kalium. Kalium sorgt für eine normale Funktion von Nervensystem und Muskeln und trägt damit zur Gesundheit der Tiere bei.

Mangold sorgt mit seinen enthaltenen Vitaminen und Mineralstoffen zusätzlich für Vitalstoffe und wird von den Hühnern immer gerne gefressen.

Rezept - erfrischend & fruchtig

Zutaten für ca. 10 Hühner:

1 Handvoll Couscous

3 Radieschen

4 Mangoldblätter

Zubereitung:

- Den Couscous in der doppelten Menge heißen Wassers für ca. 10 Minuten ziehen lassen.
- In der Zwischenzeit die Radieschen reiben oder in kleine Stücke schneiden.
- Den Mangold in feine Streifen schneiden und alle Zutaten vermischen.

: Mangold darf in keinem Hühner-Garten fehlen.

Melone-Gurken-Spieß

Eine schöne Beschäftigung für besonders heiße Sommertage können Sie Ihren Hühnern mit dem Melone-Gurken-Spieß bieten.

Gerade im Sommer ist es wichtig, dass unser Federvieh genügend Flüssigkeit zu sich nimmt. Ist das nicht der Fall, kann es im schlimmsten Fall passieren, dass die Legeleistung nachlässt. Hauptzutat ist Melone, eine beliebte Leckerei von Hühnern.

Die Kombination Melone und Gurke ergibt eine vitalisierende und schmackhafte Speise, die auch den Mineralstoffhaushalt günstig beeinflusst. Aufgespießt ist das Futter gleichzeitig eine schöne Beschäftigung für die Hühner. Die Spieße sollten nach Möglichkeit im Schatten aufgestellt werden, da sie in der Sonne schneller verderben. Gleichen Sie die Menge ungefähr an die Anzahl ihrer Hühner an, damit alles zügig gefressen wird. Sie können auch mehrere Spieße machen und einen Teil einfrieren. So sind sie bei Bedarf schnell zur Hand und die Hühner haben quasi ein Eis am Stiel.

Eine Wassermelone besteht zu 95 Prozent aus Wasser und enthält kaum Zucker. An Vitaminen ist das immunstärkende Vitamin C von Bedeutung. Zuckermelonen bestehen zu 86 Prozent aus Wasser und enthalten besonders viel Vitamin A, das für die Haut und Schleimhäute sehr wichtig ist. Auch Mineralstoffe wie Kalium sind enthalten. Auch bei Zuckermelonen ist der Zuckergehalt nicht nennenswert und hat

Rezept - erfrischend & fruchtig

Zutaten für ca. 10 Hühner:

1 kleine Wassermelone

1 Zuckermelone

1 Gurke

Holzspieße

keine negativen Auswirkungen auf das Wohlbefinden der Hühner. Gurken sind reich an wichtigen Mineralstoffen und versorgen unsere Lieblinge in der kräftezehrenden Hitze mit Kalzium, Magnesium, Kalium und Eisen.

Zubereitung:

- Melonen und Gurke samt Schale in 4–5 cm große Stücke schneiden und kunterbunt auf die Holzstäbchen spießen.
- In den Hühnerauslauf stecken und Ihren Hühnern beim Futterspaß zusehen.

Tipp: Hühner fressen gerne Melone, bei der Fütterung sollte aber mit Maß und Ziel vorgegangen werden. Zu viel davon kann nämlich zu Durchfällen führen.

Schauen Sie Ihren Hühnern einfach mal ein bisschen zu und gönnen Sie sich auch ein Stück Melone oder ein Eis.

Müsli mit Früchten

Diese Mischung aus hochwertigen Dinkelflocken und frischem Obst ist sehr reichhaltig und wird mit allerlei gesundem Superfood zum Highlight für Ihre Hühner.

Dinkelflocken stecken voller Mineralstoffe und Vitamine und enthalten viele ungesättigte Fettsäuren. Zudem sind sie leicht verdaulich und liefern so schnell Energie, was insbesondere an kalten Tagen gut tut.

Sesam ist mit Kalzium angereichert. Meine Tiere lieben ihn und übersehen keines der kleinen Körnchen. Sonnenblumenkerne sind sehr fetthaltig, dürfen aber in der kalten Jahreszeit ohne Bedenken regelmäßig in moderaten Mengen gefüttert werden.

Chiasamen ergänzen die gesunde Vielfalt mit ihrem hohen Gehalt an B-Vitaminen, Kalzium und Omega-3-Fettsäuren. Und dann kommt noch Joghurt zum Müsli. Er liefert Feuchtigkeit und ist eine gesunde Eiweißquelle. Apfel und Trauben sorgen für Frische und Geschmack und enthalten ebenso viele essenzielle Vitamine und Mineralstoffe. Ihre Hühner haben damit eine schmackhafte und gesunde Abwechslung in ihrem Speiseplan.

Zubereitung:

- Den Apfel und die Trauben waschen und in kleine Stücke schneiden.
- Mit den Dinkelflocken und dem Joghurt vermischen.
- Sesam, Sonnenblumenkerne und die Chiasamen darüberstreuen.

Rezept – erfrischend & fruchtig

Zutaten für ca. 10 Hühner:

1 halber Apfel

10 Trauben

2 Handvoll Dinkelflocken

200 g Joghurt

1 EL Sesam

1 EL geschälte Sonnenblumenkerne

1 TL Chiasamen

Quark mit Beeren der Saison

Schnell und einfach hergestellt, ist dieser Beerenquark eine willkommene, leckere und gesunde Abwechslung für die Hühner.

Magerquark ist eine wertvolle, tierische Eiweißquelle, die von Hühnern sehr geschätzt wird und durch die Zugabe der Beeren mit Geschmack und Vitalstoffen angereichert ist. Trotzdem sollte darauf geachtet werden, dass die Hühner nicht zu viele Beeren fressen, und so ist dieses Rezept zum Verwöhnen zwischendurch gedacht.

Magerquark enthält nur wenig Fett, dafür etwa 13 Prozent Eiweiß. Der hohe Anteil an Kalzium wird in seiner Wirkung durch das enthaltene Phosphor noch verstärkt.

Die Beeren können je nach Jahreszeit aus Ihrem eigenen Garten stammen oder in guter Bio-Qualität gekauft werden. Erdbeeren enthalten neben Vitamin C und Folsäure noch ordentlich Mineralstoffe wie Kalium, Kalzium und Magnesium. Sie sind zudem reich an antioxidativ wirkenden Polyphenolen. Himbeeren werden von meinen Hühnern gerne gleich vom Strauch gefressen. Sie haben viele verschiedene Vitamine und Mineralstoffe zu bieten.

Johannisbeeren oder Ribisel, wie sie in Österreich genannt werden, haben im Hühnerauslauf keine lange Lebensdauer und die Ernte fällt oft mager aus, da die Beeren vom lieben Federvieh restlos abgefressen werden.

Rezept - erfrischend & fruchtig

Zutaten für ca. 10 Hühner:

125 g Magerquark

1 kleine Handvoll Erdbeeren

1 kleine Handvoll Beeren, z. B. Himbeeren, Johannisbeeren

Zubereitung:

- Den Quark glatt rühren und mit den klein geschnittenen Erdbeeren vermengen.
- Himbeeren und Johannisbeeren dazugeben und unterheben.

Tipp: An heißen Tagen bitte darauf achten, dass Sie die Mischung nicht zu lange stehen lassen und lieber nur so viel richten, wie die Hühner fressen.

Beeren sind richtige Vitaminbomben.
Ich gönne sie meinen Tieren gerne, tragen sie doch zu ihrer Gesundheit bei.

Nudelsalat

Nudelsalat gibt es für meine Hühner in allen erdenklichen Variationen, denn Nudeln sind immer wieder für eine leckere Mahlzeit gut.

Für meine Lieblinge habe ich mir natürlich eine besonders gesunde Kreation ausgedacht. Sellerie und Fenchel sind typische Herbst- und Wintergemüse und leicht regional zu bekommen. Besonders Fenchel ist bei meinen Tieren äußerst beliebt und mit vielen Vitalstoffen angereichert. Neben Kalzium, Kalium und verschiedenen Vitaminen hat er einen besonders hohen Vitamin-C-Gehalt, der gerade in der kalten und nassen Jahreszeit der Hühnergesundheit zuträglich ist. Auch der Sellerie punktet mit seinen vielen enthaltenen Vitaminen und Mineralstoffen. Nudeln sind wirklich in allen Formen beliebt. Ich bevorzuge kleine Hörnchen oder Suppennudeln, da diese für meine Zwerge einfach leichter zu fressen sind.

Die kleinen Körner des Amarant sind eine pflanzliche Eiweißquelle, sie enthalten wertvolle essenzielle Fettsäuren, die die Hühner super verwerten können. Daneben sind Kalzium, Magnesium und Eisen in größeren Mengen enthalten. Amarant ist sehr gut bekömmlich, die Körnchen animieren die Hühner zusätzlich zum Picken.

Natürlich darf ein gutes pflanzliches Öl nicht fehlen, um den Salat abzurunden und die Vitamine besser verwertbar zu machen.

Rezept - erfrischend & fruchtig

Zutaten für ca. 10 Hühner:

2 Handvoll Nudeln

1 Handvoll Sellerie

1 Handvoll Fenchel

1 EL gutes Öl

2 EL Amarant

Zubereitung:

- Die Nudeln in ausreichend Wasser kochen, dann abseihen und erkalten lassen.
- Sellerie und Fenchel samt Grün am besten mithilfe einer Küchenmaschine oder einer Multireibe zerkleinern. Zu den abgekühlten Nudeln geben und das Öl sowie den Amarant hinzufügen.
- Alles gut durchmischen und dem geliebten Federvieh servieren.

Tipp für Hühner-Mamas und Hühner-Papas: Mit ein paar Gewürzen und etwas Essig verfeinert, können Sie den Nudelsalat auch selbst genießen. Nur der Amarant könnte eventuell etwas störend sein.

Tsatsiki für heiße Tage

Urlaubsfeeling für die Hühner mit dem griechischen Klassiker, der nicht nur mir sehr gut schmeckt, sondern auch meinen Hühnern.

Gesund ist die leckere Spezialität noch dazu, zumal natürlich auf Salz verzichtet wird. Gerade an heißen Tagen ist es besonders wichtig, dass die Hühner genügend Flüssigkeit zu sich nehmen. Gurken bestehen zu mehr als 90 Prozent aus Wasser und sind somit bestens geeignet, um den Wasserhaushalt der Tiere zu regulieren. Ihre Hühner werden die Mahlzeit verschlingen. Sollte dennoch etwas übrig bleiben, nicht zu lange stehen lassen, da es an heißen Tagen schnell verdirbt.

Gurken enthalten nicht nur Wasser, sie punkten auch mit wertvollen Vitaminen der B-Gruppe, den Vitaminen C und K sowie Kalium und Eisen und tragen damit auch zum Wohlbefinden bei.

Der zugegebene Knoblauch ist ein natürliches Antibiotikum und hat sogar eine leicht antivirale Wirkung. Zudem kann er bei regelmäßiger Gabe wie ein leichtes Wurmmittel wirken. Dill fördert die Verdauung und enthält viel Vitamin C und E.

Meine Hühnchen mögen griechischen Joghurt besonders gern, darum habe ich ihn bei diesem Rezept verwendet. Er ist cremiger als normales Joghurt, hat einen hohen Eiweißgehalt und dazu viel Kalzium.

Zubereitung:

- Die Gurken mit einem Hobel in beliebiger Stärke zerkleinern.
- Den Knoblauch durch eine Knoblauchpresse drücken.
- Alles mit dem Joghurt vermengen und mit gehacktem Dill bestreuen.

Rezept - erfrischend & fruchtig

Zutaten für ca. 10 Hühner:

3 Minigurken

2 Knoblauchzehen

1 Becher griechischer Joghurt

etwas Dill

Mit etwas Salz und Pfeffer verfeinert und knackig frischem Brot, ist es auch eine wunderbar erfrischende Mahlzeit für die ganze Familie.

Zucchini-Hirse-Bällchen

Zucchini und Hirse, gepaart mit Thymian, sind echte Fitmacher und eine rundum gesunde Futtermischung für die Sommer- und Herbstmonate.

Im Sommer steht Zucchini meist in Hülle und Fülle zur Verfügung und bereichert nicht nur unseren eigenen Speiseplan.

Zucchini gibt es in verschiedenen Farben und Formen, alle sind aber gleichermaßen gesund. So stecken neben viel Kalzium, Magnesium und Eisen auch B-Vitamine sowie die Vitamine A und C in diesem leckeren und vielseitig einsetzbaren Gemüse. Wenn ich mal eine Zucchini übersehe und sie zu groß geworden ist, schneide ich die Frucht der Länge nach durch und biete sie meinen Tieren zum Auspicken an. Besonders die Wachteln verputzen sie in Rekordzeit.

Hirse ist beim Federvieh unheimlich begehrt und sollte regelmäßig gefüttert werden. Die kleinen Körner enthalten wichtige Mineralstoffe und Vitamine und sind zudem eine tolle pflanzliche Eiweißquelle. Auch Eisen ist in größeren Mengen enthalten.

Eine Bereicherung ist außerdem Thymian, der wunderbar mit der Zucchini harmoniert und auf die Gesundheit der Hühner einen positiven Einfluss hat. Seine schleimlösenden und entzündungshemmenden Eigenschaften sind bemerkenswert.

Zubereitung:

- Zucchini waschen und fein raspeln.
- Thymian fein hacken und beides mit der Hirse und den Hirseflocken vermischen.
- Aus der Masse können nun nach Belieben kleine Bällchen geformt werden oder man bietet die Mischung einfach so den Hühnern an.

Rezept – erfrischend & fruchtig

Zutaten für ca. 10 Hühner:

1 Handvoll Zucchini

2 EL Thymian

1 Handvoll Hirse

1 Handvoll Hirseflocken

Grüße aus dem Wachtel-Shop

„Hühner-Influencer" unter sich: Robert Höck, Verena Raffl und Michael Volk (v.l.n.r.)

Im Grunde sind es doch
die Verbindungen mit Menschen,
die dem Leben seinen Wert geben.

Wilhelm von Humboldt

▶▶ Griaß eich!

Als die Nachricht und Nachfrage von Verena kam, ob ich einige Zeilen für ihr Buch schreiben könnte, haben meine Augen geleuchtet!

Wir haben uns von Anfang an sehr gut verstanden und für mich ist es eine besondere Ehre, ein Grußwort für Verenas erstes Buch schreiben zu dürfen. Unsere Ansichten zur Hühner- und Wachtelhaltung decken sich in vielerlei Hinsicht und man merkt einfach: Es passt zwischen uns! Zwar trennen uns mehr als 400 Kilometer, dennoch stehen wir ständig in Kontakt und tauschen uns aus. Am Ende geht es nicht um die Häufigkeit, sondern um die Wertigkeit und Ehrlichkeit. Von Beginn an habe ich Verenas Leidenschaft für ihre gefiederten Freunde bewundert.

Nicht nur die artgerechte Haltung mit optimaler Gehege-Gestaltung, sondern auch eine vielfältige und gesunde Ernährung ihrer Tiere sind ihr sehr wichtig. Ihre Rezeptvorschläge verfolge ich immer gerne und bin selbst immer wieder erstaunt, mit welcher Sorgfalt und Liebe Verena für ihre Hühner köstliche Schmankerln zaubert. Da bekommt man schon beim Lesen Appetit! Ich meine, wer kann „Risi Pisi mit Surf ´n´ Turf", „Skyr mit Fruitpie", verfeinert mit Blütenpollen und Naturschätzen Nr. 2, oder Bulgur mit Keimfutter und Vitalmix schon widerstehen?

Vor allem sind die kreativen Leckereien nicht nur nahrhaft, sondern auch optisch ein Highlight. Jedes Mal, wenn Verena mit einer neuen kulinarischen Raffinesse ihre Hühner verwöhnt, höre ich es bis zu mir gackern: „Mei schian!"

Verenas enge Verbindung zu unserem gemeinsamen Freund Robert Höck sorgt stets für neue Inspirationen – und zusammen entstehen immer neue Synergieeffekte. Und das zum Wohl aller Hühner! Denn durch Menschen wie Verena und Robert hat sich die Hühnerhaltung sehr positiv entwickelt und die artgerechte Haltung und Ernährung wurden stark in den Fokus gerückt. Es geht im Leben nicht nur darum zu leben – es geht darum, Spuren zu hinterlassen. Deshalb bin ich sehr glücklich darüber, ein kleiner Teil der Happy-Huhn-Familie sein zu dürfen und mit unseren Futtermischungen einen Beitrag zur artgerechten Hühner- und Wachtelhaltung zu leisten. Danke dafür an Verena und Robert! I mog eich!

Allen Leserinnen und Lesern wünsche ich nun viel Spaß beim Durchblättern und vor allem beim Nachmachen, -kochen und -backen! Auf eine Fortsetzung freue ich mich schon jetzt!

Herzliche Grüße nach Tirol
und bis bald, liebe Verena.

Michael

Michael Volk, Juni 2022

Bulgur mit Keimfutter und Vitalmix

5
Rezepte
mit Zutaten aus dem Wachtel-Shop

Bei diesem Rezept geht es sehr nahrhaft zu, denn es werden verschiedene Keimfutter mit Bulgur und Quinoa als Basis gemischt.

Rezept mit Zutaten aus dem Wachtel-Shop

Zutaten für ca. 10 Hühner:

3 EL gekeimte Snackwiese

6 EL Bulgur mit Quinoa

3 EL Keimfutter Proteinpower

3 EL Keimfutter Wildkräuter

1 Handvoll Vitalmix

1 EL Immun Complete

Wir haben diese Mischung an die sieben Wochen alten Landzwerge verfüttert. Sie haben sich darauf gestürzt und den Teller in Rekordzeit ratzeputz leer gemacht.

Bulgur und Quinoa sind hervorragende pflanzliche Eiweißquellen, leicht verdaulich, und punkten dazu mit vielen wertvollen Mineralstoffen und Vitaminen. Bulgur und Quinoa gibt es als fertige Mischung zu kaufen, Sie können sie aber natürlich auch selbst mischen.

Besonders wertvoll wird die Hühner-Mahlzeit durch die frisch gekeimten Saaten aus der „Snackwiese". Dazu habe ich das „Keimfutter Wildkräuter" und das „Keimfutter Proteinpower" einfach in einem Keimapparat keimen lassen. Die Kombination aus kleinsten Samen von Lieschgras, Knaulgras, Wiesenrispe, Kümmel, Petersilie, Schafgarbe, verschiedenen Kleesorten und Weizen, Kichererbsen, Azukibohnen und gelben Linsen ist sehr gehaltvoll. Im Keimungsprozess steigt der Gehalt an Vitaminen und Mineralstoffen noch um ein Vielfaches. Auch der Nährwert wird sehr viel höher und die Verfügbarkeit all dieser wertvollen Inhaltsstoffe ist viel besser. Ein wahres Powerfood also, das ihre Lieblinge gesund und munter hält.

Das Rezept wird außerdem durch den „Vitalmix" bereichert, und hier ist der Name Programm. Der Mix besteht aus sechs Kräutern und verschiedenen Blüten, z. B. von Karotte, Rosmarin, Huflattich, Rotklee oder Kamille.

Das i-Tüpfelchen ist aber das Ergänzungsfuttermittel „Immun Complete". Es besteht aus 23 Zutaten, deren Zusammenspiel das Immunsystem perfekt unterstützt. Die gelbe Farbe kommt von der Kurkuma, deren Wirkung durch die Zugabe von schwarzem Pfeffer um ein Vielfaches erhöht wird.

Zubereitung:

- Die Saaten brauchen drei Tage zum Keimen und sind dementsprechend laut Anleitung vorzubereiten.
- Bulgur und Quinoa werden in reichlich Wasser gegart.
- Anschließend durch ein feines Sieb abgießen und abkühlen lassen.
- Keimfutter, Vitalmix und Immun Complete dazugeben und zum Schluss die Keimlinge untermischen.

Kartoffel-Karotten-Stampf

Dieses Rezept ist für die kalten Wintermonate perfekt, denn Sie bringen Ihren Hühnern mit den Happy-Huhn-Wiesenkräutern ein bisschen Sommer auf den Speiseplan.

Die perfekte Mischung aus Heublumen und Blättern mit verschiedenen Heilkräutern und Wildblumen ist ganz besonders wertvoll.

Neben altbewährten Kräutern wie Brennnessel, Spitzwegerich, Kamille und Ringelblumen finden sich auch Hopfenblüten, Johanniskraut und Löwenzahn bei den Happy-Huhn-Wiesenkräutern.

Dazu kommen noch Sonnenhut, Melisse, Pfefferminze, grüner Hafer, Selleriestiele, Petersilie und Kornblumenblüten. So stehen die Wiesenkräuter jetzt im Winter schnell zur Verfügung. Ihre Inhaltsstoffe unterstützen die Gesunderhaltung und fördern das Wohlbefinden Ihrer geliebten Hühner.

Tipp: Die Wiesenkräutermischung ist auch fertig unter dem Namen „Happy Huhn Nest-und Streukräuter Wiesenzauber" erhältlich.

Kartoffeln und Karotten sind weitere Bestandteile des Rezepts. Kartoffeln sind eine beliebte Abwechslung. Sie punkten mit ihrem hohen Gehalt an Vitaminen und Mineralstoffen sowie Eiweiß. Und die Karotte ist ein echter Allrounder; sie ist für alles gut und supergesund. Karotten sollten also ganz oft auf dem Hühner-Speiseplan stehen.

Rezept mit Zutaten aus dem Wachtel-Shop

Zutaten für ca. 10 Hühner:

3 mittelgroße Kartoffeln

3 Karotten

1 Handvoll Happy-Huhn-Wiesenkräuter

2 Esslöffel Kräuteröl

Zubereitung:

- Kartoffeln schälen und in grobe Stücke schneiden. Karotten samt Schale in grobe Stücke schneiden.
- Alles in einen Topf geben und leicht mit Wasser bedecken. Aufkochen und bei kleiner Flamme etwa 10 Minuten dünsten. Etwas abkühlen lassen und mithilfe eines Kartoffelstampfers zerkleinern.
- Die Happy-Huhn-Wiesenkräuter darüberstreuen oder daruntermischen.

Tipp: An besonders kalten Tagen können Sie das Ganze gerne noch lauwarm Ihren Hühnern reichen.

Gesundes Kükenfutter

In diesem Rezept spielt vor allem das „Pupufein" vom Wachtel-Shop eine wichtige Rolle.

Es ist eine wertvolle Futterergänzung für Küken, bereits nach dem Schlupf, also bestens für die Kükenaufzucht geeignet. Das Futter beeinflusst u. a. die Verdauung der Kleinen positiv.

Im Pupufein sind neben Blaumohn und gemahlenen Fenchelsamen, die gleichermaßen wichtig für die Verdauung sind und Durchfall vorbeugen, auch Kamillenblüten enthalten, die sich positiv auf den Magen auswirken. Außerdem zählen Oregano, Brennnessel, Haferflocken, Bierhefe und gemahlene Yuccawurzel zu den Zutaten dieser wunderbaren Mischung. Alle diese Stoffe wirken sich positiv auf die Gesundheit und das Wohlbefinden unserer kleinen Lieblinge aus. Auch meine erwachsenen Hühner kommen regelmäßig in den Genuss von Pupufein. So beuge ich auch hier Verdauungsbeschwerden vor und stärke meine Tiere mit den perfekt abgestimmten Zutaten.

Ich versorge meine Küken allesamt vom zweiten Tag an nicht nur mit Kükenkorn, sondern bereite ihnen täglich frisches Futter zu. In den ersten Tagen besteht dieses aus hartgekochtem Ei, das ich im Multizerkleinerer fein hacke und mit Hirseflocken und Pupufein vermische. So werden die Küken mit wertvollem Eiweiß und den in den Hirseflocken enthaltenen Vitaminen und Mineralstoffen bestens versorgt und die Verdauungsorgane langsam in Schwung gebracht. Ab dem fünften Tag gebe ich dann Karotten dazu, die ich entweder fein hacke oder mithilfe der Küchenreibe rasple. Außerdem pflücke ich täglich Brennnesseln und mische sie fein gehackt zu den anderen Zutaten.

Rezept mit Zutaten aus dem Wachtel-Shop

Zutaten:

(die angegebene Menge reicht für ca. 10 Küken, abhängig von Rasse und Größe) ab dem zweiten Lebenstag

2 Eier

2 EL feine Hirseflocken

2 EL Pupufein

Ab dem fünften Tag:

1 Karotte

1 Handvoll Brennnesseln

Zubereitung:

- Die Eier 10 Minuten in kochendem Wasser garen, in kaltem Wasser abschrecken und abkühlen lassen.
- Die Eier schälen, klein schneiden und mit Hirseflocken und Pupufein vermengen und die Kleinen so langsam an das Futter gewöhnen.
- Ab dem fünften Tag kann dann zusätzlich Karotte und Brennnessel gegeben werden.
- Nach zwei bis drei Wochen können Sie auch gerne ein paar kleine Nudeln daruntermischen.

Risi-Pisi mit Surf 'n' Turf

Hier habe ich mal einen Klassiker der guten Küche mit dem bei Hühnern und Wachteln absolut beliebten Proteinmix „Surf 'n' Turf" kombiniert.

Meine Hühner lieben dieses Futter, sie stürzen sich darauf und fressen in Windeseile alles auf. Reis gehört generell zu den sehr beliebten Leckereien für das Federvieh und wird hier durch die Erbsen aufgewertet. Die Erbsen bestechen mit ihrem hohen Anteil an Mineralstoffen und Vitaminen wie E und B sowie Beta-Carotinen. An Mineralstoffen sind Kalzium, Magnesium, Eisen und Phosphor von Bedeutung. Auch eine Reihe von bedeutenden Aminosäuren steckt in den leckeren Hülsenfrüchten.

Die wichtigste Zutat bildet hier aber das Surf 'n' Turf vom Wachtel-Shop. Der hohe Proteingehalt in den getrockneten Mehlwürmern, Hermetialarven und dem Gammarus steht einem relativ geringen Fettgehalt gegenüber.

Zudem punktet der Snack mit vielen Mineralstoffen und Vitaminen, die den Hühnern guttun. Ein echtes Verwöhnfutter also und noch dazu sehr gesund.

Zubereitung:

- In einem Topf den Reis mit ausreichend Wasser zum Kochen bringen.
- Nach ca. 5 Minuten die Erbsen dazugeben und alles bei kleiner Flamme noch etwa 10 Minuten köcheln lassen.
- Anschließend nach Bedarf abseihen und abkühlen lassen.
- Mit dem Surf 'n' Turf bestreuen und den Happy Hühnern servieren.

Rezept mit Zutaten aus dem Wachtel-Shop

Zutaten für ca. 10 Hühner:

2 Handvoll Reis

300 g Erbsen

2 Handvoll Surf 'n' Turf

Skyr mit Fruitpie

Sie wollen Ihre Hühner glücklich machen? Dann sollten Sie ihnen dieses Leckerei zubereiten.

Als Grundlage dient hier Skyr, ein traditioneller isländischer Joghurt, der in seiner Konsistenz etwas fester als herkömmlicher Joghurt ist. Sie konnen beides verwenden, entscheidend ist der hohe Eiweiß- und Kalziumgehalt von Joghurt.

Angereichert wird Skyr mit dem leckeren Zusatzfutter „Fruitpie", der aus Bäckerei-Erzeugnissen und verschiedenen Früchten besteht. Auch ein paar Gammarus und Krebse sind enthalten. Meine Tiere lieben dieses Produkt und ich füttere es regelmäßig.

Blaumohn beugt nicht nur Durchfällen vor, sondern stärkt auch den Magen-Darm-Trakt. Ich füttere ihn insbesondere den Küken vom ersten Tag an. Auch im Pupufein ist er enthalten. Die Blütenpollen sind nicht nur eine süße Leckerei, sie stärken auch das Immunsystem ihrer Lieblinge.

Als Krönung werden noch die „Naturschätze Nr. 2" aus dem Wachtel-Shop darübergestreut, die neben braunen Leinsamen und Mariendistelsamen u. a. auch getrocknete Schafgarbe, Vogelmiere und Erdbeerblätter enthalten.

Rezept mit Zutaten aus dem Wachtel-Shop

Zutaten für ca. 10 Hühner:

200 g Skyr

4 EL Fruitpie

1 EL Blaumohn

1 EL Blütenpollen

2 EL Naturschätze Nr. 2

Zubereitung:

- Den Skyr mit allen Zutaten mischen und den Hühnern servieren.
- An warmen Tagen nur so viel zubereiten, wie Ihre Tiere auch fressen.

Dankeschön …

Ich kann es immer noch nicht ganz fassen, dass ich hier tatsächlich DANKE sagen darf zur Veröffentlichung meines eigenen Buches!

Als ich die Rezepte für den ersten Happy-Huhn-Kalender erarbeitet habe, hat Robert schon davon geredet, dass ich mal ein eigenes Buch schreiben werde. Und ich dachte mir: „Das passiert sicher nicht. Das traue ich mir nicht zu …"

So gilt mein großes Dankeschön natürlich erst einmal dem lieben Robert, der an mich geglaubt und mir dies ermöglicht hat. Das Fotografieren der Rezepte ist wirklich sehr viel Arbeit und mittlerweile sind wir ein super eingespieltes Team. Wir haben auch immer sehr viel Spaß dabei und verkosten den Großteil der Rezepte selbst. Danke, lieber Robert, dass du immer für mich da bist und mir zu so vielen tollen Tieren verholfen hast.

Ein ganz wichtiger Mensch ist natürlich mein lieber Mann Gernot, der mich bei meinem Hühnerparadies tatkräftig unterstützt und durch seine Ideen und sein handwerkliches Geschick ein wirklich schönes Zuhause für meine lieben Hühner geschaffen hat. Danke dafür, mein Schatz!

Ein großer Dank auch an das Team von Cadmos. Danke an Brigitte Millán-Ruiz, dass mein Buch im Cadmos Verlag erscheinen darf. Danke an Gerlinde Gröll für das wunderschöne Layout und die ganzen Spezialaufträge, die mir sehr viel Freude bereitet haben. Danke an meine Lektorin Christine Weidenweber, die immer ein offenes Ohr hatte, wenn ich Hilfe gebraucht habe.

Danke auch an Michael Volk vom Wachtel-Shop, der mir viele seiner tollen Produkte bereitgestellt hat. Meine Hühner, Küken und Wachteln haben sich natürlich sehr gefreut.

Danke an alle, die dieses Buch gekauft haben, und danke für die vielen lieben Kommentare auf Instagram.